L'AMI
DU
CULTIVATEUR.

PREMIERE PARTIE,

par M. Cliquot de Blervache,
correspondant de la Société royale
d'Agriculture

ESSAI

Sur les moyens d'améliorer en France la condition des Laboureurs, des Journaliers, des hommes de peine vivant dans les Campagnes, & celle de leurs femmes & de leurs enfants.

PAR UN SAVOYARD.

Salus populi suprema Lex esto.

OUVRAGE POSTHUME.

PREMIÈRE PARTIE.

A CHAMBERY.

M. DCC. LXXXIX.

ESSAI

Sur les moyens d'améliorer en France la
condition des Laboureurs, des Journaliers, ...
... & ... de ...
& de ...

PAR M. GRIVEL.

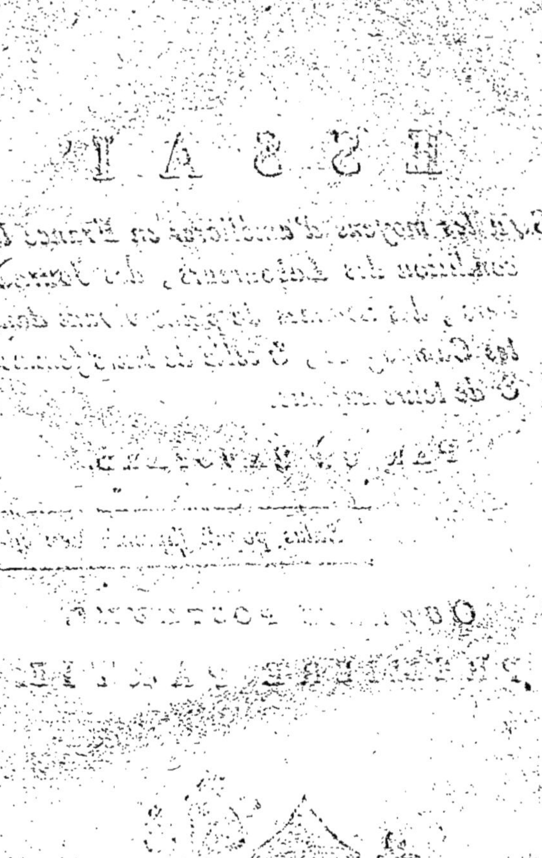

A CHAMBÉRY,
M. DCC. LXXXIV.

AVERTISSEMENT
DE L'ÉDITEUR.

Cet Ouvrage eſt compoſé depuis pluſieurs années : j'étois étroitement lié avec l'Auteur. Les mêmes études & les mêmes gouts nous avoient réunis ; j'ai cru ne pouvoir apporter de meilleur ſoulagement à la douleur de l'avoir perdu, qu'en m'occupant de lui, & que ce ſeroit prolonger, en quelque ſorte, ſon exiſtence, en publiant un Ecrit qui honore ſa mémoire, & qui peut être en même-temps utile dans les circonſtances préſentes.

AVANT-PROPOS.

J'écris des montagnes près de Chambery, où je cultive en paix le patrimoine de mes peres, & où je recueille le fruit des Edits bienfaisants de Charles-Emmanuel, Pere du Prince actuellement régnant.

Ce Monarque, que l'on compte, avec raison, parmi les Souverains les plus éclairés de son siecle, médita long-temps les moyens de soulager son peuple, & d'améliorer la condition des Laboureurs & des habitants des Campagnes. Il pensoit que cette portion de ses sujets est la plus précieuse & la plus utile, parce

qu'elle eſt la ſource des véritables
richeſſes, & par conſéquent l'inſtru-
ment le plus néceſſaire à la force &
à la proſpérité publiques.

Il chercha, avec une ſollicitude
vraiment paternelle, la cauſe des
émigrations nombreuſes & fréquentes qui dépeuploient ſes Provinces,
& pourquoi les habitants des Campagnes quittoient leurs foyers, & les
abandonnoient ſans retour. Il crut
la trouver dans les funeſtes effets des
Loix féodales, & il ne ſe trompa
point.

Il me ſouvient encore du moment
où mon pere nous ſerrant, mes freres
& moi, ſur ſon ſein, nous annonça
l'impoſſibilité où il étoit de pourvoir
plus long-temps à notre ſubſiſtance,
& la néceſſité de nous ſéparer de

lui. « Vous ne m'accuferez pas, nous
» dit-il, ni votre mere, qui nous
» arrofoit alors de fes larmes, d'épar-
» gner nos peines pour fubvenir à
» vos befoins : nous avons travaillé
» toute l'année, fans relâche, à la
» culture du champ que vous moif-
» fonnez ; c'eft le feul bien que nous
» poffédons ; mais la récolte va s'é-
» couler de nos mains. De douze
» gerbes que notre labeur a fait croî-
» tre, il ne nous en refte qu'une.
» Comptez & voyez fi ce qui nous
» appartiendra pourra vous nourrir :
» vous êtes trop jeunes pour que je
» vous explique les raifons de cet in-
» jufte partage ; il fuffit de vous dire
» que tel eft l'effet des Loix de ce
» pays, que vous n'aurez, ni la li-
» berté de vos perfonnes, ni la pro-

» priété de vos champs. Fuyez une
» terre qui ne récompensera jamais
» vos travaux. » . . . .

Cette scene touchante, je ne l'ou-
blierai de ma vie ; il falloit me sé-
parer d'un bon pere, d'une mere tendre : cette séparation me déchiroit.
Je ne voyois qu'un avenir effrayant ;
mon existence devenoit un fardeau ;
je maudissois ces Loix barbares, je
détestois mon Prince ; j'osois accuser
la Providence. Je m'abusois ; ce n'étoit
pas leur ouvrage.

Nous partimes, mes freres & moi ;
nous nous quittames à Lyon, où je
restai. Dans les intervalles des occupations serviles auxquelles il fallut
me condamner, j'étois, malgré moi,
poursuivi par le désir insurmontable
de connoître les cruelles institutions

qui m'avoient arraché des bras paternels. Ce défir irréfiftible avoit fon principe dans la profonde haine qu'elles m'avoient infpirée. Je parvins, après plufieurs années, à me convaincre qu'elles avoient infecté prefque toute l'Europe, & que, quoiqu'elles fuffent tempérées dans le nouveau pays que j'habitois, j'étois encore environné de leurs effets deftructeurs. Si elles me reftituoient la propriété de ma perfonne, elles ne me rendoient pas celle des fonds que mon induftrie pouvoit m'acquérir.

Mes recherches m'avoient appris que la double liberté à laquelle j'afpirois, & où je plaçois mon bonheur, je la trouverois en Angleterre, la feule nation qui ait fu fe dégager des entraves de la féodalité :

j'y paſſai, avec le petit pécule que j'avois amaſſé (1).

L'abandon où je m'étois trouvé m'avoit inſpiré l'amour du travail & de l'économie, deux agents très-utiles au Commerce ; je m'y appliquai ; j'acquis, en vingt années, une fortune honnête.

Un nouveau déſir s'empara de moi ; il rempliſſoit toute mon ame : je me trompe ; peut-être y entroit-il auſſi un peu de vanité d'annoncer à mes compatriotes le ſuccès de mes travaux, & d'envie de leur prouver l'abſurdité des Loix qui captivoient leur induſtrie. Ce déſir étoit de revoir les lieux qui m'avoient vu naître, d'embraſſer mon pere, & de preſſer mon cœur ſur le ſein qui m'avoit nourri. Je fis un voyage dans mon pays.

Ils vivoient encore, ces vieillards
refpectables à qui je dois le jour,
& qui m'ont infpiré les principes
aufteres qui ont été mes guides fideles dans tout le cours de ma vie.
Comme je les ferrois dans mes bras !
comme, nos larmes fe confondoient
délicieufement ! Dans ce doux épan-
chement de l'amour paternel & filial,
je pardonnai prefque à la néceffité
qui nous avoit féparés, puifqu'elle
nous procuroit un plaifir fi touchant
& fi pur. J'avois chaffé l'indigence
du foyer de mes peres ; j'y fis entrer
l'honnête médiocrité, elle y habita
conftamment depuis.

Dans le court féjour que je fis
en Savoie, j'eus l'honneur d'être pré-
fenté à mon Souverain. Charles-Emmanuel m'accorda un entretien, dans

lequel il m'invita à réalifer ma fortune dans fes Etats. Je lui fis part
des obftacles qui m'en empêchoient,
obftacles qui ne pouvoient ceffer que
par la réforme des Loix qui m'à-
voient expatrié. « Vous ne connoif-
» fez donc pas, me dit ce Prince,
» mon Edit de 1762, par lequel
» j'ai aboli la fervitude perfonnelle? »
Je lui répondis, avec refpect, que
cette Loi, qui faifoit autant d'honneur à fon humanité qu'à fa fageffe,
n'étoit pas fuffifante pour me déterminer ; qu'elle ne procureroit aucun
effet, fi elle n'étoit fecondée par l'affranchiffement de la fervitude réelle.
Il me permit d'entrer dans quelques
détails. Les preuves que je lui ap-
portai, firent tant d'impreffion fur
fon efprit, capable de les apprécier,

qu'il approuva mes motifs, & finit par me dire qu'il n'étoit pas encore temps : ce font fes termes.

Ce bon Prince méditoit alors fon Edit du 19 Décembre 1771. Je m'apperçus que mes réflexions coïncidoient avec fon opinion fur les devoirs féodaux. Quelques années après, il le publia. J'en fus informé en Angleterre. Cette derniere Loi me décida à retourner dans ma Patrie. Depuis ce temps, j'y jouis pleinement de la liberté de ma perfonne, fous la fauve-garde de la Loi de 1762, & j'y cultive fructueufement un domaine que l'Edit de 1771 a rendu auffi libre que moi. Je bénis tous les jours la mémoire de Charles-Emmanuel ; fon Bufte eft placé dans le lieu le plus apparent de mon habi-

tation , avec cette épigraphe , l'ex-
preffion de ma reconnoiffance :

Deus nobis hæc otia fecit.

Ces loifirs, je les partage entre l'A-
griculture , le foin de ma famille, la
méditation & la lecture. Un jour que,
pour me délaffer d'un ouvrage qui m'a-
voit appliqué plus que de coutume, j'é-
tois forti pour vifiter le travail de mes
charrues, la vue des champs dont j'ai
triplé le revenu, l'expérience de mon
bonheur, m'infpirerent le projet de
développer les moyens qui l'avoient
produit. Les réflexions que j'avois
faites autrefois fur cette matiere, fe
repréfenterent en foule. Je cherchai
les notes que j'en avois confervées,
& je commençai mon travail.

Dès le premier pas , je m'apperçus

perçus que j'avois moins confulté mes forces que mon amour pour mes femblables , & ma compaffion pour l'humanité fouffrante. Un Laboureur, un Commerçant, eft peu accoutumé à écrire : chaque page que je traçois devenoit une difficulté de plus ; c'étoit trop ofer : je me défefpérois ; puis revenant fur moi-même, je réfléchis qu'un Laboureur pouvoit cependant parler de l'Agriculture ; un Négociant, du Commerce ; un ferf, de la fervitude ; un affranchi , de la liberté : que l'éloquence des faits pouvoit fuppléer celle de la parole , & que la force des chofes étoit plus puiffante que celle des mots. Je repris courage, & je continuai mon travail.

Pour mettre quelqu'ordre dans ce

I. Partie.   *b*

ce que je vais dire, je partagerai ce Mémoire en deux Parties.

Dans la premiere, je parlerai des inftitutions féodales, que j'envifage, d'après mon expérience, comme la premiere caufe de la méfaifance des Laboureurs, des Journaliers, des habitants des Campagnes, & de celle de leurs femmes & de leurs enfants. J'expoferai fommairement leur origine & leur établiffement; je tâcherai de développer quelle eft leur influence fur l'Agriculture & fes agents; je dirai enfuite comment on pourra l'anéantir ou en atténuer les effets.

Dans la feconde, j'indiquerai plufieurs moyens fubfidiaires que me fourniront les inconvénients réfultants des trop grandes propriétés, le partage & la mife en valeur des communes, une

plus jufte répartition, des impôts ,
une meilleure adminiftration des corvées, la diminution ou la fuppreffion
des péages, la navigation des rivieres,
l'établiffement des filatures & des métiers dans les Campagnes. Mais ces
moyens n'auront toute leur force que
par l'activité du premier, que je confidere comme le plus puiffant, foit
par fon efficacité, foit par fon uni-
verfalité.

b 2

TABLE

DES CHAPITRES

Contenus dans la premiere Partie.

SECTION QUATRIEME.

Fin de la Table des Chapitres.

MÉMOIRE

MÉMOIRE

Sur les moyens d'améliorer en France la condition des Laboureurs, des Journaliers, des hommes de peine, vivant dans les campagnes, & celle de leurs femmes & de leurs enfants.

PREMIERE PARTIE.
SECTION PREMIERE.

CHAPITRE PREMIER.
Origine & établissement des Institutions féodales.

L ORSQUE les Francs, les Bourguignons & les Goths conquirent les Gaules, ils

I. Partie.   A

partagerent les terres & les ſerfs avec les vaincus. Les conquérants, peuple nomade, avoient plus beſoin de terres que de ſerfs ; les vaincus, nation agricole, avoient, au contraire, plus beſoin de ſerfs que de terres. Les premiers prirent, dans le partage, les deux tiers de la glebe & un tiers des ſerfs ; les ſeconds eurent, pour leur lot, le tiers de la glebe & les deux tiers des ſerfs. Ces conventions furent conformes aux mœurs & aux uſages des deux Nations.

(a) Ces mœurs & ces uſages ſe mêlerent, mais ne ſe détruiſirent pas. On trouve encore, après la conquête, la diſtinction des trois Ordres de Citoyens qui exiſtoient avant elle : ſavoir, les Nobles, les Ingénus & les Serfs.

Les Laboureurs, les gens attachés aux Arts & aux Métiers, compoſés d'affranchis ou de leurs deſcendants, étoient encore, ſous la premiere race de vos Rois, gouver-

---

(a) Voyez l'Eſprit des Loix, Livre XXX, Chap. 9.

(3)

nés, comme chez les Romains, par les
Villes Municipales qui avoient un territoire, une Jurisdiction, un Sénat.

Les Romains conquis ne devinrent pas
serfs; les vainqueurs, au contraire, laif-
ferent subsister leurs droits politiques &
civils; les Loix saliques & ripuaires en font
foi.

Les Francs n'établirent pas la servitude
dans les Gaules: ils la trouverent & la laif-
ferent telle que les Romains l'avoient établie (a). Cette servitude, on peut la comparer, à beaucoup d'égards, à celle qui
existe actuellement en Amérique. Elle étoit
cependant plus douce & moins humiliante.
Le serf n'appartenoit pas à la glebe, mais à
son maître, parce qu'il en avoit payé le prix.
Il faisoit partie de sa famille & de son pécule. Le possesseur pouvoit le vendre, l'é-
changer, le détacher de son Domaine à
son gré. Cette espece de servitude, il faut

____

(a) Voyez, par rapport aux esclaves Romains, Laurent
Pignorius. (*De servis & eorum ministeriis Commen-*
tarius.)

(4)

bien la diftinguer de celle que le fyftême
féodal a introduite ; ce n'eft pas la même (2).

Les Francs ne leverent que de légers
tributs pécuniaires. Les Rois vivoient de
leurs Domaines. Lorfqu'ils faifoient quelques entreprifes, leurs *Leudes*, Vaffaux
ou compagnons les fuivoient à la guerre :
mais le Roi, les Eccléfiaftiques, les Seigneurs & les hommes libres levoient, dans
ces occafions, un cens fur leurs ferfs,
c'eft-à-dire, fur les perfonnes qui faifoient
partie & dépendoient de leur famille ou
de leur maifon. Ce cens étoit un tribut
particulier & privé, & non pas une charge
publique ; il confiftoit en un certain
nombre de chevaux, de charriots, en une
certaine quantité de denrées, &c. Cependant il étoit au profit de la chofe publique,
puifque les Chefs de maifon, *patres fa-
milias* ne le levoient que pour l'employer
au fervice de l'Etat (a).

Les Souverains récompenfoient, après

______

(a) Voyez l'Efprit des Loix, Livre XXX, Chap. XIII,
XIV & XV.

(5)

leurs expéditions militaires, ceux qui les
avoient fervis avec plus d'éclat. La Nation n'étoit pas chargée de leur reconnoiffance. Ils détachoient de leurs Domaines
ou de leurs conquêtes, des Fiefs, des Fifcs,
ou des Biens Fifcaux, car c'eft la même
chofe, & les leur cédoient pour une ou
plufieurs années, proportionnément aux
fervices qu'ils en avoient reçus; ils avoient
encore d'autres moyens de les récompenfer.
Ils leur confioient fous le titre de Comte, de
Duc, ou de Gouverneur, l'adminiftration
d'une Ville ou d'une Province, avec les
droits attachés à ces offices; droits qui
confiftoient dans la perception de certaines
redevances en nature deftinées à leur entretien.

Tant que vos Rois n'ont cédé que pour
un temps limité, une partie de leurs biens
fifcaux, tant que les Comtes, les Ducs &
les Gouverneurs ont été amovibles, la
Puiffance fouveraine fubfifta dans fon in-
tégrité. On n'apperçoit aucune trace d'inftitutions féodales. Il y avoit, il eft vrai,

dès Fiefs précaires ou des bénéfices fortis
pour un temps de la main du Prince, mais
point de fyftême féodal.

Les defcendants de Clovis eurent la con-
defcendance de perpétuer les Comtes, les
Ducs & les Gouverneurs dans leurs Offices
& les *Leudes* dans leurs Bénéfices. Ils leur
permirent d'abord de les pofféder à vie :
ceux-ci plus entreprenants, en demanderent
la tranfmiffion à leurs enfants, & enfin
l'hérédité. (3) Les Princes appauvris par
ces démembrements, & plus encore par
leur indifcrete générofité en faveur des
Eglifes, ne furent plus affez puiffants pour
s'oppofer à leurs prétentions (*a*). Leurs Domaines en furent dépouillés pour toujours.

Ceci arriva fous la premiere race, & s'accrut encore fur la fin de la feconde. A
cette derniere époque, on vit s'élever la
Monarchie féodale fur la Monarchie po-

____

(*a*) *Aiebat enim (Chilpericus) plerumque : ecce pau-*
per remanfit fifcus nofter : ecce divitiæ noftræ ad Ecclefias
funt tranflatæ; nulli penitùs, nifi Epifcopi regnant : periit
honor nofter, & tranflatus eft ad Epifcopos civitatum.
(Vid. Greg. Turon. Lib. VI, Cap. 46.)

litique. Charlemagne en fufpendit les effets ; mais fi la Couronne reprit toute fa fplendeur fous fon regne, ce ne fut que par la force de fon génie, & par l'éclat de fes talents extraordinaires : les caufes qui l'avoient affoiblie, exiftoient toujours. Le partage qu'il fit de fon empire, la foiblefle de fon fuccefleur, l'attentat inouï des Evêques qui oferent le dégrader, l'aviliffement qu'ils imprimerent à l'autorité royale, l'énorme pouvoir des grands Vaffaux, porterent enfin le dernier coup à la Monarchie politique.

Le partage du Royaume entre les enfants de la premiere & de la feconde dynaftie, portoit le germe de leur deftruction. Il devoit faire naître des préférences, des jaloufies, des intérêts divers, des guerres civiles : c'eft ce qui eft arrivé ; c'eft ce que l'hiftoire nous confirme à chaque page.

J'ai déja dit que les Francs en entrant dans les Gaules, n'avoient pas réduit les Romains en fervitude ; mais ce que ne fit pas la conquête, le droit des gens qui s'é-

A 4

tablit après la conquête, le fit. La réfiſtance, la révolte, la priſe des Villes & des Châteaux, emporterént avec elles la ſervitude des habitants. Les diviſions fréquentes entre les freres, les oncles & les neveux, dans leſquelles ce droit fut toujours exercé, rendirent les ſervitudes plus communes. Elles devinrent ſi générales dans le cours de ces querelles interminables, qu'au commencement de la troiſieme race, on ne trouve plus dans les campagnes que des Seigneurs & des ſerfs.

CHAPITRE SECOND.

Des Institutions féodales.

LES Fiefs devenus héréditaires portoient le droit de Jurifdiction dans les mains de ceux qui les poffédoient. La juftice fut un droit inhérent aux Fiefs. C'eft pour cela que vous avez reconnu, dans tous les temps, que les Juftices font patrimoniales en France (4).

On doit confidérer les Fiefs, à cette époque, fous deux afpects différents. Le Fief, confidéré comme une obligation militaire, tenoit au droit public, & par conféquent à l'Adminiftration générale. Par ce lien, il étoit encore, en quelque forte, fous l'autorité du Prince. Confidéré comme un genre de bien & de propriété, il tenoit au droit civil : mais l'inhérence de la Jurif-diction aux Fiefs donna une grande in-

(10)

fluence aux Seigneurs féodaux fur le droit
civil qu'ils défigurerent. Ils s'arrogerent
le privilege de faire des Ordonnances &
des difpofitions particulieres dans leurs
Domaines (a). Cette ufurpation fut imitée
par leurs Vaffaux & par leurs arriere-Vaf-
faux. Delà la multiplicité, l'incohérence
& la contradiction de vos Coutumes (5).

Ce nouvel état des chofes fut produit
principalement par la puiffance du Clergé,
& par la part qu'il eut dans les affaires publiques. Il demandoit & obtenoit, à chaque
avénement des Princes à la Couronne, la
confirmation des dons qu'il avoit reçus de
leurs prédéceffeurs, fous le nom d'immu-
nité ou de franche-aumône. Le Sacerdoce,
craignant que les Rois ne revinffent un

(a) Par exemple les terres faliques n'étoient originairement que des alleux, des terres franches, & non des Fiefs.
Les filles pouvoient les poffeder en certains cas. Cette difpofition du droit des Francs fubfifta encore long-temps
après la conquête. Mais après l'établiffement des Fiefs &
des inftitutions féodales, on mit des bornes à la fuc-
ceffion des femmes & aux difpofitions de la loi falique,
relativement à ces terres, par cela même qu'elles avoient
été dénaturées & converties en Fiefs. (*Voyez l'Efprit des
Loix, Livre XVIII, Chap. XXII.*)

jour fur leurs pas, imagina de leur faire jurer, avant de répandre fur eux l'Onction fainte, le renouvellement de ces immunités.

Cette confirmation fait encore aujour-d'hui la partie la plus confidérable de la for-mule de leur ferment. Le devoir des Rois envers le peuple n'y entre prefque pour rien (a).

Lorfqu'on voudra chercher la caufe de la fervitude féodale, on verra que c'eft que l'on a tranfporté au gouvernement civil les principes du régime facerdotal ; on verra que c'eft parce que la raifon a été affer-vie, que le corps eft devenu ferf. L'efcla-vage de l'une a produit la fervitude de l'au-tre : cette génération, fécondée par l'igno-rance & l'abrutiffement, a été prompte. A peine les Evêques eurent-ils établi folide-ment leur domination fur la liberté de l'efprit, que les Seigneurs établirent leur empire fur la liberté du corps. Ouvrez les faftes de toutes les Nations, vous trouve-

____

(a) Voyez l'Hiftoire des Sacres.

rez cette vérité attestée par une foule de preuves (6). Dès que la propriété de penser disparut, la propriété de soi & des biens s'éclipsa.

Les Seigneurs Ecclésiastiques & Laïques s'emparerent de toutes les terres, s'en déclarerent les propriétaires, & se firent les héritiers de leurs serfs. Le peuple gémit alors sous un despotisme d'autant plus dur, qu'il ne résidoit pas dans la main d'un seul. Il étoit tout-à-la fois collectif & partiel. Les serfs étoient assujettis, par la double servitude dont je vais parler, à autant de volontés, de caprices & de fantaisies qu'il y avoit de Seigneurs. Delà la bisarrerie & la disparité des devoirs féodaux, dont la seule nomenclature est effrayante.

La diminution de l'autorité légitime, fut l'échelle de l'agrandissement des Vassaux & de la misere publique ; l'accroissement du systême féodal en fut la mesure : des Loix tyranniques consacrerent bientôt ses usurpations.

(13)

L'arbre deftructeur de la féodalité s'éle-
voit; il pouffoit, dans l'anarchie, des ra-
cines profondes : lorfqu'il fut affez vigou-
reux pour fe foutenir par fes propres forces,
il produifit fes principes défaftreux, fruits
amers, qui rongent & qui corrodent encore le corps politique ; enfin il étendit
deux branches principales qui étoufferent
toutes les plantes utiles que fon ombre mal-
faifante put atteindre. Ces deux branches
font la fervitude perfonnelle & la fervitude réelle : l'une plus humiliante, &
l'autre plus décourageante.

CHAPITRE TROISIEME.

De la servitude perfonnelle.

Au commencement de la troifieme race, tout le peuple étoit ferf. La France n'étoit plus qu'un bagne d'efclaves.

Les ferfs étoient obligés de fervir de leur corps. Ils ne pouvoient difpofer de leurs perfonnes, ni quitter leur domicile, ni fe faire Eccléfiaftique ou Religieux, ni fe marier qu'avec le confentement de leur Seigneur. Attachés à la glebe, il les comprenoit, comme les beftiaux, dans l'aliénation qu'il en faifoit. Dégradé dans fa dignité, le peuple François n'étoit plus qu'un vil troupeau, dont le Seigneur difpofoit à fon gré. Le ferf ofoit-il, dans fon défefpoir, fe fouftraire aux mauvais traitements de fon maître, & fuir dans une autre contrée ? celui-ci avoit fur lui le droit de fuite. L'infortuné échappoit-il à fes re-

cherches ? il n'étoit pas plus libre ; une
autre chaîne l'attendoit. La terre où il avoit
trouvé un afyle, le faififfoit ; il devenoit
l'homme du Fief (7). Privé de tous les droits
civils, mort pour lui, ne vivant que pour
autrui, le ferf ne pouvoit naître, travailler
& mourir qu'au profit de fon Seigneur.
L'humiliation fut portée à un tel excès,
que dans vos Loix criminelles c'étoit un
principe généralement reconnu, que le *vilain* devoit être puni en fon corps, parce
qu'il étoit cenfé n'avoir pas d'honneur (a).

Loix cruelles, qui, outrageant la nature, rabaiffoient l'homme au rang des bêtes,
& dépouilloient la plus nombreufe partie
de la Nation du droit de Citoyens : Loix
abfurdes, qui, vouant à l'ignominie cette
portion infortunée, ne lui préfumoient aucun fentiment d'honneur, dans une Monarchie dont l'honneur eft le principe :
Loix barbares enfin, qui privoient l'Etat

____

(a) Voyez Pierre Defontaines, Chap. XVIII, fur-tout
l'article XXII, & l'Efprit des Loix, Liv. VI, Chap X.

de plus de la moitié de fa force morale, civile & politique (8).

Cependant, au milieu de la confufion &
de l'anarchie, on imagina, pour rappeller
infenfiblement l'ordre & la fubordination,
de lier tout le fyftême féodal par une chaîne
hiérarchique. La Couronne fut confidérée
comme le grand Fief, comme le Fief fu-
prême auquel tous les autres devoient abou-
tir comme à leur centre commun ; c'eft ce
que l'on appella Suzeraineté. La fuzeraineté
politique fut modelée fur la fuzeraineté fpi-
rituelle & Eccléfiaftique. Ce nouveau rapport qui uniffoit au trône toutes les Seigneuries par des dégrés plus ou moins rapprochés,
fut un puiffant moyen dans la main de vos
Rois, comme il le fut dans le même temps
dans celle des Pontifes, avec cette différence cependant que les Princes François
l'employerent pour recouvrer leur dignité
& les droits de leur Couronne, & que les
Papes s'en fervirent pour ufurper un nouveau pouvoir fur la puiffance féculiere &
fur la jurifdiction des Evêques.

L'exercice

L'exercice de cette suprématie aida merveilleusement les Rois de France à reprendre l'autorité dont les Seigneurs s'étoient emparés. Louis le Gros, secondé par des Ministres habiles (a), rendit quelque lustre à la Couronne, éclipsée par les grands Fiefs, & prépara de nouvelles ressources à ses successeurs. Il établit les Communes, il affranchit les serfs, & diminua le trop grand pouvoir des Justices seigneuriales (9).

Une autre cause seconda efficacement les efforts de vos Souverains. L'orgueil d'un Hermite la fit naître, & l'éloquence de saint Bernard la renforça de tout l'ascendant qu'elle lui avoit acquis. Ils échaufferent successivement les esprits pour la conquête de la Terre-sainte. Vos Rois montrerent la plus profonde politique, en ne s'opposant pas à ce fanatisme religieux qui s'empara de leurs vassaux pendant près de deux sie-

____

(a) L'Abbé Suger & les quatre freres Garlande, noms chers à la liberté, & qu'on ne sauroit trop rappeller à la reconnoissance du peuple François.

cles. Ces faintes expéditions occupoient,
hors du Royaume, leur courage & leur
humeur inquiete. Heureux, ils devoient
faire des établiſſements éloignés qui les en
délivreroient : malheureux, leur pouvoir
devoit s'affoiblir. L'expérience confirma la
juſteſſe de leurs combinaiſons. Ces guerres
furent malheureuſes. Le plus grand nombre
des Croiſés ne rapporta des ſaints lieux que
de hauts faits à raconter, & de groſſes
dettes à payer. Ils furent obligés de vendre
une partie de leurs Domaines. L'autorité
ſaiſit cette occaſion pour permettre aux roturiers d'acquérir des biens nobles ; ce dernier trait de politique atténua les trop
grands pouvoirs. L'effet ſucceſſif de cette
permiſſion fit rentrer peu-à-peu la police
générale dans la main du Prince, & les
biens-fonds, dans la main du peuple (10).

Les affranchiſſements devinrent plus
communs à meſure que la Puiſſance royale
reprit ſon autorité. Louis VIII imita ſes
prédéceſſeurs. Blanche, ſa veuve, l'une de
vos plus grandes Reines, & mere d'un de

(19)

vos plus grands Rois, signala sa régence
par cet acte d'humanité (11). Son exemple
fut imité, & se multiplia tellement dans
la suite, que tous vos Rois exerçoient ce
pouvoir à leur avénement au Trône (a).

Comme la servitude personnelle fut le
fruit de l'anarchie, l'affranchissement fut
l'ouvrage du rétablissement de l'ordre.
Louis XVI vient enfin de donner la derniere sanction à l'affranchissement des serfs
dans ses Domaines par son Edit de 1779.
Charles-Emmanuel l'avoit précédé dans
l'exercice de cette bienfaisance. Il y a cependant cette différence entre ces deux
Princes, que Charles a usé de son pouvoir
avec plus de plénitude.

Quoiqu'il y ait encore quelques Provin-

____

(a) C'est par cette raison, sans doute, que, dans la cérémonie du Sacre de vos Rois, on donnoit la liberté à des oiseaux, comme le symbole de celle qu'ils accordoient aux
serfs. Cet usage est encore pratiqué aujourd'hui. L'Eglise lâ-
choit aussi des oiseaux dans les Temples, la nuit de Noël,
pour annoncer la venue du Messie : c'étoit le signe de la rédemption. Le mot Noël, pris dans ce sens, devint le cri de
joie du peuple, lorsque les Rois faisoient leur entrée dans les
Villes.

ces en France où l'on trouve des veſtiges de la ſervitude perſonnelle (*a*), je la conſidere néanmoins comme abſolument abolie dans ce Royaume. L'exemple & l'uſage y avoient heureuſement précédé l'Edit de Louis XVI. L'effet étoit opéré, il n'a fait que le confirmer. Puiſſe-t-il être le préſage d'une ſeconde Loi ſans laquelle la premiere eſt illuſoire ! Car telle dure que ſoit la ſervitude perſonnelle, elle eſt cependant beaucoup moins nuiſible à l'Agriculture, au bonheur individuel des habitants des campagnes, & beaucoup moins décourageante que la ſervitude réelle.

—————————————————

(*a*) On prétend qu'il y a encore en Franche-Comté & en Bourgogne environ 12000 ſerfs dépendants de quelques Chapitres ou Monaſteres. Ce n'eſt pas dans les domaines des Seigneurs Eccléſiaſtiques qu'on devroit trouver encore les reſtes de cette barbare inſtitution ; mais il ne faut peut-être pas les en blâmer trop rigoureuſement : on ſait que les Corps, les Compagnies, & ſur-tout les Chapitres, conſervent leurs uſages plus opiniâtrément que les particuliers. A bien d'autres égards ce n'eſt pas un mal. Cette conſtance a laiſſé bien des traces de nos Loix & de nos mœurs anciennes.

CHAPITRE QUATRIEME.

De la servitude réelle.

Lorsque le Clergé, fur la fin de la feconde race, eut obtenu la perpétuité des
dons qu'il avoit reçus des Souverains ; lorfque les Comtes, les Ducs & les Gouverneurs eurent obtenu l'hérédité des biens
fifcaux dont ils n'étoient que les Adminiftrateurs, ils envahirent pour eux-mêmes
les droits qui n'étoient dus qu'à leurs offices. Le fifc national en fut dépouillé ;
& ces droits, deftinés à l'adminiftration &
à la défenfe de l'Etat, pafferent entre leurs
mains comme des droits acquis à leurs Domaines. Les plus puiffants s'arrogerent
toutes les prérogatives de la fouveraineté &
le droit de faire la guerre. De forte que les
tributs que le peuple payoit autrefois aux
Rois pour la fureté & le gouvernement
de la Nation, détournés par les grands

vaſſaux à leur profit, ne ſervoient plus qu'à s'armer contre elle-même. Tels furent, pendant pluſieurs ſiecles, les déplorables effets du ſyſtême féodal. Mais lorſque vos Princes eurent enfin recouvré, par les moyens dont j'ai parlé, une partie de leur autorité; lorſqu'ils furent parvenus à dépouiller ſucceſſivement les Seigneurs du droit de faire la guerre, & d'impoſer la taille ſur leurs vaſſaux; lorſqu'enfin ils eurent affranchi la plus grande partie des ſerfs, les Seigneurs ſubſtituerent à la taille, aux devoirs & aux ſervices perſonnels, des droits non moins accablants. Le vaſſelage fut conſidéré alors comme un rapport entre les poſſeſſions, & non entre les perſonnes. La glebe devint ſerve : delà le relief, le rachat, les lods & ventes, & cette innombrable ſuite de ſervitudes réelles qui rendent la condition des Laboureurs & des habitants des Campagnes plus dure & plus décourageante qu'elle n'étoit ſous les entraves de la ſervitude perſonnelle.

Les ſerfs n'avoient pas été affranchis gra-

(23)

tuitement. Vos Rois ont quelquefois même
envisagé l'affranchissement comme une
ressource de Finance (a). Ils avoient permis
aussi à leurs vassaux de mettre un prix à la
liberté qu'ils accordoient à leurs serfs. Les
Seigneurs qui, comme je l'ai déja dit, s'é-
toient déclarés, dans les temps d'anarchie,
les propriétaires de toutes les personnes &
de toutes les terres, s'étoient dessaisis d'autant plus facilement de la propriété de la
personne, qu'ils la faisoient acheter à des
titres très-onéreux, & qu'ils remplaçoient
sur la glebe ce qu'ils perdoient sur la personne. Ils y trouverent encore le double
avantage de se débarrasser du soin de faire
cultiver directement leurs terres par leurs
serfs, & de se dégager de tout risque de casualité, parce qu'ils cédoient ces terres,
moyennant des droits pour le recouvre-

____

(a) Louis Hutin, ayant besoin d'argent pour continuer
la guerre contre le Comte de Flandre, força les serfs
de ses domaines, qui étoient en grand nombre, à racheter, malgré eux, leur liberté, au prix des effets mo-
biliers dont on permettoit, dans ce temps-là, aux serfs de
disposer. (*Voyez le Président Hainaut.*)

ment defquels, non-feulement la perfonne & les biens du vaffal répondoient, mais encore la glebe ; garantie impériffable, parce que ces droits la fuivoient toujours, quels qu'en fuffent les propriétaires.

La perfonne ne fut pas entiérement dégagée, & la glebe fut furchargée : delà la fervitude mixte. Il réfulta de ce nouvel ordre, que la perfonne refta fujette à la Foi & Hommage, à l'aveu & dénombrement, à la reconnoiffance au terrier, à l'affiftance aux plaids généraux, aux corvées, aux amendes, à la bannalité, &c.... & que les biens furent affujettis aux droits de cens, furcens, chefcens, lods & ventes, relief, rachat, dîme, champart, retrait & faifie féodale, &c. &c.

Il eft évident que, dans ce dernier état des chofes encore exiftant en France, il n'y a aucune propriété pleine & abfolue, ni de la perfonne, ni des terres, & que les Seigneurs font tous copropriétaires, fous ces deux rapports, non-feulement relative-

(25)

ment aux individus & aux biens non-no-
bles, mais encore relativement à leurs personnes & à leurs propres poſſeſſions. Ils
n'ont entr'eux aucune propriété, aucune liberté abſolue : ils ſont dépendants les uns
des autres par le lien de la ſuzeraineté, & ∖
leur dépendance, avant d'arriver à la ſouveraineté de la Couronne, a parcouru des
dégrés auſſi multipliés que ſuperflus : dégrés
très-onéreux & très-diſpendieux, lors des
mutations.

Lorſque les propriétaires des Fiefs voudront examiner avec attention & ſans préjugés la nature & les effets du ſyſtême féodal, même par rapport à leurs intérêts, ils
verront qu'il n'eſt pas plus avantageux à
eux-mêmes qu'il eſt défavorable au peuple.
Il y a donc réellement deux ſortes de co-
propriétés féodales : la premiere, dans le
rapport des Seigneurs entr'eux ; la ſeconde,
dans le rapport des Seigneurs avec le peuple.
Je ne conſidérerai que cette derniere, &
j'obſerverai qu'elle oppoſe le plus grand obſtacle à la meilleure culture. C'eſt elle qui

est la caufe principale de la mifere des Cultivateurs & des habitants des campagnes ;
c'eft elle qui étouffe toute induftrie, toute
émulation , parce qu'elle feroit toute au
profit des Seigneurs ; c'eft cette fatale copropriété qui a été abolie en Angleterre
avec tant de fuccès , & que Charles-Emmanuel a permis de racheter dans fes Etats par
fon Edit de 1771.

SECONDE SECTION.

CHAPITRE PREMIER.

De l'influence des droits féodaux sur l'Agriculture & sur la condition des Laboureurs & des habitants des Campagnes.

Toute copropriété est nuisible à la culture. C'est une maxime avouée par le raisonnement & par l'expérience. « De biens » communs on ne fait pas monceau, dit » Loiseau. » (*Instit. Liv.* 3.) La copropriété des Seigneurs est représentée sous cent dénominations différentes, suivant la diversité des Coutumes. Il seroit trop long d'en faire ici l'énumération ; il suffit de répéter qu'elle est connue sous les noms principaux de cens, surcens, chefcens, rente, re-

lief, rachat, lods & vente, dîme, champart, bannalité, &c.... Cette copropriété,
qui raſſemble preſque tous ces droits à la
fois dans la main des Seigneurs, attaque,
par autant d'effets deſtructeurs, le travail
& l'induſtrie du Cultivateur, en admettant
à un partage injuſte & diſproportionné celui qui n'a partagé, ni les miſes, ni le
labeur.

Pour donner une idée de la miſere où
les inſtitutions féodales ont réduit les Laboureurs & les habitants des campagnes,
il ne faut que conſidérer le nombre des
copropriétaires qui viennent partager le
fruit de leurs travaux. A peine ont-ils obtenu la permiſſion de vendanger leur vigne
ou de moiſſonner leur champ, que le Bail-
leur, le Seigneur du Fief, le Seigneur fuzerain, le Décimateur, le Paſteur, &c. &c.
réclament leur partage dans la récolte.
Viennent enſuite les Collecteurs des droits
royaux exiger la taille, l'induſtrie, la capitation, les vingtiemes, ſans compter la ga-
belle, le tabac, les aides, &c. &c.

De toutes ces levées fucceffives faites fur le produit des fueurs de l'infortuné Cultivateur, il réfulte que, de douze gerbes que fon induftrie a fait naître, il ne lui en refte qu'une pour fa fubfiftance. Affreux réfultat, qui m'a arraché des bras paternels, & qui m'a fait fuir des lieux où le travail eft découragé & condamné à une éternelle indigence.

Les entrailles font émues à la vue d'un tableau fi affligeant ; cependant il n'eft pas chargé. C'étoit la dure condition de mon pere : c'eft encore celle où gémiffent vos Laboureurs en France.

On auroit peine à me croire, fi je n'en adminiftrois la preuve : je la trouve confignée dans le Procès-verbal de la Haute-Guienne. Les Citoyens refpectables qui la compofent, reconnoiffent que l'énormité des droits que le fyftême féodal a mis dans la main des Seigneurs, fans cependant en improuver l'inftitution, porte le plus grand préjudice à l'Agriculture. Il réfulte de leur expofé, que, par l'effet du droit de champart feul , réuni aux impofitions royales , de douze gerbes que la culture a pro- duites, il n'en refte qu'une au Cultivateur. Voici copie de leur Délibération du 13 Oc- tobre 1780.

« Nos premiers regards (dit le Bureau des affaires extraordinaires & du bien pu- blic) fe font portés vers l'Agriculture: elle » éprouve des entraves nuifibles à tout le » monde ; fans être avantageufe à perfonne ; » & nous avons eu la fatisfaction de trou- » ver, dans cette Province , les moyens d'y » remédier.

» M. le Baron de la Guêpie , Membre » de cette Affemblée , & quelques autres » Seigneurs , perfuadés depuis long-temps » que les redevances qu'ils poffédoient à » titre de champart , nuifoient infiniment à » l'Agriculture , fe font déterminés à les » inféoder à leurs vaffaux , moyennant une » rente fixe & équivalente en grains. De- » puis cette époque les terres ont été mieux » cultivées , le revenu des Seigneurs a été » plus affuré , & le Colon plus heureux. \

» L'Etat a gagné par cet accroissement de
» richesses, & nous pensons, Messieurs,
» qu'il est de l'intérêt du Roi de favoriser
» les inféodations qui pourront être faites
» par les Seigneurs qui sont dans le même
» cas.

« Il ne sera pas difficile de faire sentir
» au Gouvernement la légitimité de la
» grace que nous lui demandons. Les terres
» soumises au droit de champart sont con-
» damnées à la stérilité par la nature même
» de l'institution des champarts : dans quel-
» ques-unes de cette espece, sur douze
» gerbes, le Seigneur en retire trois, le
» Décimateur une, les impositions en ab-
» sorbent deux au moins, il faut distraire
» de celles qui restent deux pour la se-
» mence, & trois pour les frais de cul-
» ture. Il en reste donc une pour le Pro-
» priétaire, dont les travaux ne peuvent
» augmenter le revenu que dans une pro-
» portion décourageante. Pouvons-nous
» douter, Messieurs, que le Roi ne favo-
» rise des opérations qui pourront dimi-

» nuer l'influence des droits aussi nuisibles
» à l'Agriculture? (a) »

Cet aveu formel est un témoignage précieux de l'effet des droits féodaux sur l'a-
griculture & ses agents, puisqu'il est donné
par les Propriétaires même de ces droits.
On peut ajouter, à ce témoignage, une
preuve également irrécusable du peu de
profit que le Cultivateur retire de son labeur
dans une autre de vos Provinces.

Lorsque M. Turgot, qui depuis a été
Contrôleur-Général de vos Finances, ad-
ministroit la Généralité de Limoges, il
avoit reconnu, & s'étoit fait un devoir de
démontrer au Gouvernement, que, dans
une grande partie de cette Province, la
terre ne donnoit de revenu que pour la
dîme, l'impôt & le droit des Seigneurs,
& que le Propriétaire roturier ne tiroit

____

(a) L'Assemblée de la Haute-Guienne propose, pour
remédier au dommage que cause l'institution des champarts, de les inféoder moyennant une rente fixe & équivalente en grains : mais ce remede n'est qu'un palliatif.
Il n'y a que la propriété libre qui puisse faire cesser ce
mal, comme on le verra dans la suite de ce Mémoire.

rien

rien du fol, ni de fa culture que les intérêts de fes avances d'exploitation, en beftiaux, inftruments, femences & nourriture des colons. Ce fait eft configné dans
fes Mémoires. (*Voyez premiere Partie, p.*
93 & 94.)

CHAPITRE SECOND.

Suite de l'influence des droits féodaux sur l'Agriculture.

CEPENDANT cette gerbe unique, échappée aux mains de tant de copartageants, n'eſt pas encore libre dans celles du malheureux Cultivateur. Le coin de terre qu'il habite, la chétive cabane qui le couvre, doivent une rente à ſon Seigneur. Celui-ci, après lui avoir fait ſi chèrement acheter le produit de ſon travail, lui fait encore payer ſon repos & ſon abri. Ce n'eſt pas aſſez de lui avoir preſqu'interdit l'uſage de la terre & de ſes fruits, de la terre qui l'a reçu à ſa naiſſance, de la terre que ſes bras ont fécondée, il lui fait encore payer l'uſage des autres éléments; l'air, le feu & l'eau ſont mis à prix.

Le grain que renferme cette gerbe unique déja atténuée, ne peut procurer la subfiſtance au colon infortuné qu'après qu'il a été réduit en farine. Le Seigneur, à cette époque, le force de le faire moudre à ſes moulins; il taxe l'air ou l'eau qui les fait mouvoir. Cette farine n'a pas encore reçu l'apprêt qui doit la rendre propre à la nourriture, il faut la réduire en pâte; il faut une chiſſon pour la convertir en pain. Le Seigneur à cette ſeconde époque, contraint ſon vaſſal à ſe ſervir de ſon four; il impoſe un droit ſur le feu que le vaſſal eſt obligé de payer, ſous peine de mourir de faim. (12)

Seigneurs copropriétaires, vous tourmentez ſon exiſtence par toutes les inventions vexatoires : un puits, une fontaine, une cîterne contiennent des eaux pour le déſaltérer; vous levez un tribut ſur ſa ſoif, comme vous l'avez fait ſur ſa faim. Une riviere ſépare ſon champ de ſon habitation, vous lui faites payer le paſſage pour le cultiver. Elle offre ſon cours pour le flottage de ſes bois ou le tranſport de ſes den-

rées, vous taxez ce bienfait de la nature.
Le raisin de sa vigne est parvenu à un dégré de maturité utile, vous ne permettez
de le couper que trop tôt ou trop tard; il
perd, par votre caprice ou par votre bisarrerie, tout le fruit de son travail. Il ne peut
transporter sa vendange , qu'après avoir
payé, au pied de la vigne, la rente ou la
dîme; il ne peut en extraire la liqueur,
que par le mouvement de vos pressoirs que
vous lui faites acheter ; il ne peut l'enfer-
mer dans des tonneaux, qu'en payant le
droit *d'afforage*; il ne peut la faire sortir
de son cellier, qu'en payant le droit de
vente. Le bois qui croît ou meurt à son
profit, il ne peut le recueillir dans son
foyer, qu'en payant le droit de *porterage*.
Sa terre est enfemencée, il est condamné
à la voir dévorer, sans se plaindre, par des
animaux plus libres que lui. Vous chassez
pour votre amusement ou votre utilité,
vous renversez ses guérets ou vous foulez
ses empouilles, & par un nouveau genre
d'exaction, vous l'obligez encore à nourrir

les chiens qui dévastent sa récolte (a). Ses
prés font en état de recevoir la faux, vous
ne lui permettez de les couper que dans
un temps dommageable. Vous opprimez
des hommes pour des daims ou des perdrix ;
vous moiffonnez votre champ, vous ven-
dangez votre vigne, vous voiturez vos ré-
coltes avec les bras ou les beftiaux de votre
malheureux vaffal, par les corvées que vous
exigez (b). Ses foins affidus ont fécondé fa
baffe-cour, fes étables, fes bergeries ; vous
venez partager fes peines & fes dépenfes par
la dîme du fang : il porte fon bled au marché pour le convertir en argent & s'acquitter envers vous ; vous lui faites payer un
droit de hallage. La néceffité où tous vos
droits l'ont réduit, le force à vendre fon
champ ; vous venez prélever un douzieme

(a) Ce droit inique eft exercé en quelques endroits
par les Seigneurs fur leurs vaffaux. L'Empereur vient de
le fupprimer par un Décret du 22 Août 1785.

(b) Quelques Seigneurs ont levé un droit fur les terres
mêmes dépouillées du grain, qu'on a appellé droit d'*éteules*
ou d'*étoublage*, qu'ils ont converti depuis en quelques deniers d'argent. On le voit établi dès 1262.

ou un quinzième de fa valeur. (13) Vous
levez un tribut fur l'oppreffion même;
vous..... Je m'arrête, mon fang bouil-
lonne, mon cœur fe gonfle d'amertume,
la plume me tombe des mains en traçant
ce tableau. Qu'aviez-vous encore à faire,
finon de taxer l'air qu'il refpire & le jour
qui l'éclaire; & à la honte de l'humanité,
on pourroit en citer des exemples. (a)

Tel eft l'état malheureux où gémiffent
vos laboureurs & les habitants de vos campagnes; tels font les déplorables effets des
inftitutions féodales.

Soit que vous les confidériez dans la
fervitude perfonnelle, foit que vous les
envifagiez dans la fervitude réelle, elles
contrarient également la loi naturelle, la

(a) On dit qu'Anaftafe, Empereur de Conftantinople,
porta jufqu'à cet excès la cruauté, & qu'il mit un impôt
fur l'air, *ut quifque pro hauftu aeris penderet.* (Voyez
l'Efprit des Loix, Liv. XII, Chap. XVI.)

On a dit que les Comtes de Champagne vendoient l'air;
cela étoit vrai à quelques égards. Ils avoient fixé la hau-
teur des maifons qui entouroient leur Château; lorfqu'ils
avoient befoin d'argent, ils vendoient la permiffion de
les élever en proportion de la fomme qu'ils impofoient :
c'eft ce qu'on appelloit droit d'*étage* & de *faitage.*

loi civile & politique. (a) Elles portent le caractere de leur source impure, c'est-à-dire,
de la violence sur les individus, & de l'u-
surpation sur l'autorité légitime.

La servitude personnelle contrarie la nature & l'ordre de la Providence : car quelles
que soient les loix inhumaines qui aient réduit l'homme à l'esclavage, il n'en est pas
moins vrai que le Créateur l'a fait naître
libre. L'homme n'a pu renoncer que par la
force à cette prérogative imprescriptible. La
voix qui la réclame sans cesse au fond de son
cœur, ne peut être étouffée que par la misere
ou la présence d'un besoin préssant. Forcé à
contracter un engagement contre sa liberté,
il conserve toujours l'espoir de la recouvrer
un jour par le fruit de son travail. L'homme,
dans l'état de nature, tend au repos;
l'homme, dans l'état civil, ne travaille
que pour l'obtenir; & si quelqu'institution

(a) Florentinus, disciple de Papinien, définit ainsi la
servitude personnelle : *Servitus est constitutio juris gen-
tium, quà quis dominio alieno contra naturam subjicitur.*
Ulpien dit aussi : *Cum jure naturali omnes liberi nascere-
mur quo ad jus naturale omnes æquales sunt.*

contrarie ce vœu raifonnable, elle tarit la
fource de la profpérité publique ; elle choque
le principe & le but des loix fociales &
politiques ; elle réduit au défefpoir le Citoyen dont elle doit flatter l'efpérance.
Telle eft entre le nombre de vos loix barbares que je pourrois citer, l'inftitution du
cens & de toutes les rentes ou redevances
non rachetables qui perpétuent à jamais l'efclavage de la glebe. L'homme, fous l'empire de la féodalité, eft triftement courbé
vers la terre ; il ne la cultive qu'à regret,
parce qu'il la moiffonnera éternellement
pour autrui. Il voit, en gémiffant, croître
autour de lui, des enfants, dont la nourriture & l'entretien vont augmenter le
poids de fes peines, des enfants pour lefquels il n'apperçoit, dans l'avenir, que le
fort malheureux auquel il eft condamné :
trifte préfage qui l'afflige & qui le réduit à tromper le vœu de la nature. La
double fervitude eft enfin contraire à la
juftice, parce qu'elle eft le fruit de la violence, & que dans le contrat involon-

taire qui l'a établie, tout l'avantage est d'un côté & toute la charge de l'autre ; tout le bénéfice est pour le fort, toute la peine pour le foible. Condition léonine, qui en prononce la nullité. (14) Regle générale : la liberté produit, la servitude détruit. Remarquez que les terres ne sont pas cultivées en raison de leur fertilité, mais en raison de la liberté accordée par les loix aux personnes & aux choses. Comparez l'état de l'Agriculture dans la Russie, dans la Pologne & dans la partie de l'Europe soumise au despotisme, avec l'état de l'Agriculture de l'Angleterre, de la Suisse, de la Hollande, de l'ancienne Grece & de la Palestine, & vous vous convaincrez que la mesure de sa prospérité est celle de la liberté dont elle jouit. Là, vous ne voyez que langueur, pauvreté, paresse, indifférence ; ici, vous ne rencontrez qu'aisance, travail, émulation, jouissance. Affranchissez les personnes, rendez les propriétés libres, admettez le peuple au rachat de la copropriété seigneuriale, l'homme reprendra fa premiere dignité. Régénéré, pour ainfi dire, par la poffeffion & la liberté, il cultivera gaiement fon champ, & reviendra plus gaiement encore fe délaffer le foir du fardeau du jour, avec fa femme & fes enfants qui l'ont partagé. La fcene changera tous les jours, tous les momens feront confacrés à la méilleure culture; plus d'indifférence; plus de négligence, plus de perte de temps. Il défirera que le Ciel, béniffant fon ménage, lui accorde une nombreufe famille, pour avoir plus de compagnons de fes travaux; & ce qui auroit fait autrefois l'objet de fon défefpoir, deviendra celui de fes vœux. Quelle conquête pour les mœurs & pour le bonheur de l'humanité !

CHAPITRE TROISIEME.

De l'influence des institutions féodales sur les mœurs.

DEUX causes principales operent la corruption des mœurs, l'extrême misere & l'extrême opulence ; la vertu n'habite qu'avec la médiocrité. Or, ces deux causes, on les trouve dans les institutions féodales ; tous les biens d'un côté, tous les maux de l'autre. Comment le peuple, doublement pressé par le droit des Seigneurs & par l'avidité des Publicains, pourroit-il avoir des mœurs ? Vos Loix féodales & fiscales l'ont placé dans une situation qui met sans cesse ses devoirs en opposition avec ses intérêts. Né droit, franc & généreux, vous avez étouffé en lui ces heureux dons de la nature. Quel est l'homme le plus affermi dans les principes de la Religion & de la Morale, qui, placé dans une telle situation, ne les abandon-

neroit pas , tôt ou tard, fans s'en apperce-
voir , & ne deviendroit pas injufte & mé-
chant dans le fait, fans avoir ceffé d'être jufte
& bon dans le cœur? Quelque puiffantes
que foient la foi & la vertu, elles ne triom-
phent pas toujours , quand elles luttent
fans ceffe contre la néceffité , la douleur &
le mépris. O vous qui jouiffez, dans l'opulence , des fruits du travail du peuple, def-
cendez un moment jufqu'à lui , feriez-vous
meilleurs à fa place ?

Vous reprochez aux habitants des campagnes d'être menteurs, diffimulés, infi-
deles. Ce font vos attentats fur leur liberté,
vos vexations & vos outrages qu'il faut en
accufer. La foibleffe & l'efclavage n'ont
jamais fait que des méchants : & ce qu'il y
a de plus déplorable, c'eft que , dans l'état
actuel des chofes , cette méchanceté étant
tout-à-la-fois active & paffive, parce qu'elle
n'eft pas moindre dans l'oppreffeur que
dans l'opprimé , elle corrompt tout le corps
de la fociété, & dénature le caractere national dans fes deux extrêmes.

Vous leur reprochez leur improbité! eh! vous les avez avilis à leurs propres yeux; vous avez dégradé en eux la dignité de l'homme; vous leur avez défendu jufqu'à leur propre eftime. Où habite la vertu, fi ce n'eft dans le cœur de l'homme qui fe refpecte?

Vous leur reprochez leur infidélité! vous les avez dépouillés du fonds & des fruits; vous les avez réduits à l'indigence; vous les avez privés de toutes les reffources honnêtes & de tous les moyens légitimes de la foulager.

Vous vous plaignez de leur diffimulation! vous leur avez fermé toutes les avenues de l'aifance; vous avez commis envers eux, par la force, le plus inique de tous les vols, celui de la liberté du corps & des fonds. Vous les avez troublés dans la jouiffance des biens communs à tous; vous ne leur avez permis l'ufage des éléments qu'à prix d'argent; vous les avez rendus étrangers en ce monde. Les biens qu'ils devoient partager comme hommes, vous les

leur refuſez comme Seigneurs; & vous
vous étonnez qu'ils tentent de reprendre,
par l'adreſſe, une partie de ce que vous
leur avez dérobé par la force ? Moi, j'ad-
mire en eux l'empire de l'habitude, & le
pouvoir de la ſubordination !

CHAPITRE QUATRIEME.

Autre influence remarquable de la féodalité.

LA monarchie féodale s'étant élevée fur la monarchie politique, l'ordre économique de la Nation changea : le changement fut tout entier à la charge du peuple.

Vos Rois foutenoient autrefois l'éclat de leur Couronne avec le revenu de leurs Domaines. En temps de paix ils ne levoient que de légers impôts pécuniaires, & quelques tributs en nature pour l'adminiftration de la Nation. Telles étoient les redevances en denrées attribuées aux Officiers du Prince. En temps de guerre, les Leüdes, les Vaffaux & les hommes libres étoient tenus de le fuivre dans fes expéditions. Ils levoient alors un tribut privé fur les perfonnes employées à la culture de leurs terres; c'eft-à-dire, fur les hommes dépendans de leur famille : ce tribut paffager ceffoit avec la guerre.

Le Domaine des Rois étoit déja tellement appauvri sous la premiere race, que le fisc ne pouvoit plus suffire à leur entretien. Ce fut un premier accroissement de charge pour le peuple.

Les biens fiscaux étant sortis de la main du Prince pour passer dans les mains des Seigneurs ecclésiastiques & séculiers, non comme Officiers du Prince, mais comme Propriétaires, les redevances attachées autrefois à ces offices, ne furent plus un secours pour l'administration publique : seconde surcharge pour le peuple.

Les Seigneurs chargés du service militaire ne levoient autrefois des tributs qu'en temps de guerre, & ces tributs étoient passagers; mais s'étant rendus propriétaires des personnes & des biens, ils imposerent sur leurs vassaux les droits féodaux dont j'ai parlé, & ces droits devinrent permanents : troisieme surcharge pour le peuple.

C'est, sans doute, l'obligation du service militaire qui a été le prétexte ou le motif des institutions féodales. Je sais bien que

ce

ce fervice a été plus d'une fois le boulevard de l'Empire; mais je n'ignore pas que, pendant plufieurs fiecles, il en a déchiré le fein. Quand les avantages qu'il en a reçus furpafferoient les maux qu'il en a foufferts, ces avantages pourroient-ils jamais expier la mifere & l'humiliation auxquelles la féodalité a réduit le peuple?

O vous poffeffeurs actuels des devoirs féodaux, voudriez-vous les juftifier par les fervices de vos aïeux? Ils ont défendu l'Etat, dites-vous; mais, pour le défendre, falloit-il l'opprimer? Ils ont verfé leur fang pour la Nation; mais quel prix horrible ont-ils mis à cette effufion, la vileté & l'efclavage? Ils ont combattu, ils ont triomphé pour elle; mais qu'importoit à un peuple efclave la victoire ou la défaite? fon fort pouvoit-il être pire? Non, ce n'eft pas à vos ancêtres que la Nation doit de la reconnoiffance; elle gémit encore fous leurs barbares inftitutions. C'eft à l'autorité légitime trop long-temps affoiblie par eux; c'eft à la bienfai-

I. Partie.

D

sance & à l'humanité de vos Monarques ;
c'est au rétablissement de l'ordre & de la
justice que la France doit le soulagement à
ses maux ; c'est encore leur bonté qu'elle
doit implorer pour effacer jusqu'aux der-
nieres traces d'un système aussi destructeur.

La masse totale des droits féodaux, des
dîmes seigneuriales & ecclésiastiques excede
ou égale, au moins, la masse des impositions royales levées sur la Nation ; impositions qui ont un motif légitime ; savoir,
l'administration & la défense de l'Etat ;
impositions qui sont devenues nécessaires,
& qui ont augmenté en raison du vuide
que le système féodal a laissé dans la caisse
publique, comme je l'ai observé ci-dessus.
Comment les Ministres de vos Finances
n'ont-ils pas apperçu, & la cause de la
surcharge du peuple contribuable, & le
remede à cette surcharge, en indiquant les
moyens de supprimer ou d'atténuer successivement tous ces droits onéreux ? Comment n'ont-ils pas vu que le taillable, affranchi de ces impôts usurpés sur lui par la

force, feroit plus en état de payer les impofitions légales levées pour le gouvernement de la Nation, pour l'honneur de la Couronne & la fureté de l'Empire ? Quelle reffource ils préparoient dans l'avenir, en admettant le peuple au rachat de ces droits? Mais n'anticipons pas fur ce que nous avons à dire à ce fujet dans le cours de ce Mémoire.

CHAPITRE CINQUIEME.

Les droits féodaux n'ont plus aucun objet.

Lorsque les Seigneurs étoient chargés du service militaire ; lorsqu'ils servoient, non-seulement de leur personne, mais qu'ils étoient encore tenus de fournir un certain nombre d'hommes d'armes, il paroissoit juste qu'ils levassent sur leurs vassaux des tributs proportionnés à l'obligation que leurs Fiefs leur imposoient : cette obligation étoit réelle autrefois, elle est illusoire aujourd'hui. La puissance militaire de la Nation ne réside plus dans le service gratuit de la Noblesse, ni dans les hommes d'armes fournis & entretenus par elle : cette puissance est toute entiere dans les armées soudoyées par le Prince. Les Chefs & les Soldats reçoivent également leur solde du Monarque ; il leve sur son peuple les sommes nécessaires à cette dépense. Il

(53)

eft évident que, dans l'état préfent des
chofes, le peuple paie doublement pour le
même objet : il paie au Roi & aux Seigneurs. L'impôt royal eft fondé fur la juftice. Le Prince reçoit pour l'entretien de
fes troupes, & le Prince paie pour les entretenir. L'impôt feigneurial n'a plus ce
caractere : les Seigneurs reçoivent & ne
paient pas ; au contraire, ils font payés. Le
fervice militaire n'étant plus gratuit, la
perception des droits féodaux ne préfente
donc plus les mêmes motifs d'équité : l'objet n'exiftant plus, l'impôt ne devroît plus
exifter. Ainfi, en faifant, pour un moment, abftraction de l'énormité des droits
féodaux, relativement à l'Agriculture & à
la condition des Laboureurs & des habitants des campagnes, ces droits feroient
encore injuftes, fous cet afpect, quelque
légers qu'ils fuffent.

D 3

CHAPITRE SIXIEME.

Des droits féodaux, levés sous d'autres mo-
tifs qui n'ont pas plus de réalité.

LE systême féodal avoit tellement in-
terverti l'ordre, & y avoit substitué un tel
esprit d'indépendance & de confusion, que
tous les Seigneurs s'étoient arrogé le droit
de se faire justice eux-mêmes. Toutes leurs
prétentions, tous leurs griefs se décidoient
par les armes : delà, l'origine du duel ; ce
regne de la violence, & de l'Anarchie dura
plusieurs siecles. Le malheureux peuple en
étoit l'instrument & la victime ; tout étoit
mis au pillage par l'offenseur & par l'of-
fensé. Cependant les Villes, les Cités, les
Chapitres, les Monasteres chercherent à
se mettre à l'abri des ravages. Ils implo-
rerent la protection des Seigneurs les plus
puissants, moyennant certains droits,
certains octrois qu'ils leur permirent de

lever fur leur territoire. Ces Seigneurs qu'ils avoient appellés à leur fecours, & qui s'étoient engagés à les défendre, prirent le nom d'*advoués*, *advocati*, & la protection qu'ils devoient donner, s'appella *advouerie*. Les grands Vaſſaux, les Seigneurs les plus conſidérables, devinrent les advoués de telle Ville, de telle Egliſe, de tel Monaſtere. Ces pactes, entre les protecteurs & les protégés, furent très-communs : c'étoit le feul remede que l'on avoit trouvé alors contre les funeſtes effets des guerres particulieres des Seigneurs. Vos Rois même, tant il y avoit de renverſement dans les perſonnes & dans les choſes, ne dédaignerent pas d'être revêtus du titre d'advoués de leurs ſujets : l'Hiſtoire en fournit pluſieurs exemples. (15)

Les advoués étoient obligés de fournir dans le cas où leurs protégés feroient attaqués, un certain nombre de gens armés, de faire la garde des chemins, (16) de donner aſyle aux hommes & aux beſtiaux dans leurs châteaux, &c... Ils recevoient en compenſation les péages & les octrois convenus.

Ces advoüeries furent d'abord limitées pour un temps entre les parties contractantes, enſuite elles furent prorogées en faveur de l'héritier de l'advoué ; enfin, elles devinrent inſenſiblement un titre hérédi-taire, une propriété & un droit inhérent au fief principal : c'eſt ce qui a donné naiſ-fance à cette eſpece de droits féodaux que quelques Seigneurs levent encore hors du reſſort de leurs Fiefs.

L'exercice de la Police & de la Juſtice étant heureuſement rentré dans la main du Prince, il eſt aujourd'hui le Protecteur di-rect & immédiat de ſes Sujets. Les droits d'advoüerie que les Seigneurs ont cumulés avec leurs autres droits, ſont abſolument illuſoires ; ils n'ont plus aucun motif, aucun objet ; cependant le peuple paie encore au-jourd'hui à des protecteurs qui ne pro-tegent plus, un droit de protection dont il n'a que faire : il ſeroit donc juſte de l'en affranchir.

SECTION TROISIEME.

CHAPITRE PREMIER.

Du Clergé.

. . . . Incedo per ignes
Suppositos cineri doloso. Horat.

LE Clergé est composé de deux Corps distincts, le Clergé séculier, & le Clergé régulier; le premier est d'institution divine, le second d'institution humaine. Si on ôtoit de la Religion ce que les hommes y ont mis, elle seroit plus pure & les hommes plus heureux.

Le Clergé a reçu tant de libéralités des Rois, de la Noblesse & du peuple dans le cours de dix siecles, qu'il faut que tous les biens du Royaume soient entrés plusieurs fois dans ses mains : la possession, il est vrai, fut souvent troublée par les descendants des donateurs : on voit ces biens passer rapidement du Clergé aux gens de guerre, & repasser par de nouvelles libéralités des gens de guerre au Clergé. Charles Martel les trouva dans la main des Ecclésiastiques, & s'en servit pour la défense de l'Etat. Charlemagne les trouva dans la main des Militaires : il en dédommagea le Clergé par l'établissement de la dîme. Ce fut ce Prince qui donna la premiere stabilité à ses possessions, & qui divisa en quatre parts l'emploi qu'on devoit en faire.

Si on considere le Clergé comme séculier, c'est un Corps nécessaire : les sociétés ne peuvent exister sans Religion, & la Religion ne peut exister sans Ministres. Ils sont dépositaires de ses loix saintes, & chargés des augustes fonctions qu'elles exigent.

On sera peut-être étonné des richesses immenses, & du pouvoir presque sans bornes que le Sacerdoce acquit sous la premiere & la seconde race des Rois Francs;

mais il faut confidérer que fitôt que Clovis eut embraffé le Chriftianifme , les Evêques lui furent d'un grand fecours pour achever & affermir fa conquête : Tacite nous en donne une autre raifon dans la peinture qu'il a faite des mœurs des habitants de la Germanie, d'où fortoient les conquérants des Gaules.

Les Germains avoient une extrême vénération pour leurs Prêtres. Ceux-ci avoient le plus grand crédit fur le peuple : l'autorité ne réfidoit pas exclufivement dans la perfonne du Prince. Les Prêtres exerçoient la police & infligeoient des peines en vertu de la fainteté de leur miniftere. (a) Les Rois Francs & leurs guerriers apporterent de leur ancienne Patrie cette difpofition favorable aux Miniftres de la nouvelle Religion qu'ils profefferent.

____

(a) Silentium per Sacerdotes , quibus & coërcendi jus eft , imperatur. Tacit. de more Germanorum ; Cap. XI.

Nec Legibus libera & infinita poteftas . . . . caterum neque animadvertere , neque vincere , neque verberare , nifi Sacerdotibus eft promiffum ; non quafi in pœnam, nec Ducis juffu , fed velut Deo imperante , quem adeffe bellatoribus credunt. Tacit. ibid. Cap. VII.

Il ne faut donc pas être furpris, fi les Rois Francs enrichirent non-feulement le Clergé féculier, mais s'ils accueillirent encore fi aifément l'établiffement du Clergé régulier. On peut faire remonter l'origine de ce dernier vers le cinquieme fiecle, & fon prodigieux accroiffement dans les fiecles poftérieurs, connus fous le nom de fiecles d'ignorance.

Elle avoit effectivement, à cette époque, obfcurci l'Europe de fes plus profondes ténebres : c'eft alors que l'on vit naître cet efprit de fpiritualité & de vie contemplative, qui défigura l'Evangile, parce qu'on confondit le confeil avec le précepte. Il engendra cette foule de corps Religieux qui couvrirent les Villes, les Plaines, les Vallées & les Montagnes de Chapelles, d'Eglifes & de Monafteres : il accrédita fi généralement les idées d'une perfection nüllement coordonnée à la nature de l'homme, nullement compatible avec la profpérité fociale & politique, que les Cloîtres dépeuploient les Cités & les Cam-

pagnes. Les progrès du Monachisme furent
si rapides, qu'ils seroient incroyables, si
l'on ne se rappelloit la misere des peuples
sous l'Empire de la féodalité. Quelque
austeres que fussent les Instituts des nouveaux Fondateurs, ils présentoient encore
tant d'avantages à des malheureux réduits
à l'esclavage & à l'ignominie, qu'ils pré-
féroient l'humiliation religieuse à la tyrannie de leurs Seigneurs. Ceux-ci, alarmés de
la désertion de leurs Vassaux, ne purent
l'arrêter, qu'en ajoutant à leur servitude
l'obligation de ne pouvoir se faire Prêtres
ou Religieux sans leur consentement. Telle
étoit la dure condition du serf, qu'il n'é-
toit pas libre d'accepter l'asyle que la Religion lui présentoit, ni de profiter du soulagement qu'elle offroit à ses malheurs.

La libéralité versa ses dons à pleines
mains sur ces nouveaux Cénobites, qui devinrent en peu de temps très-nombreux
& très-opulents. Cette branche protubé-
rante, entée sur le corps séculier, n'en
emprunta pas la substance : elle avoit son

aliment à part ; mais elle pompoit avec lui tous les fucs de la terre : cependant croiffant au profit & fous la protection d'une puiffance étrangere, elle produifit des fruits dangereux, & fit germer des principes exotiques, plufieurs fois redoutables au tronc même qu'elle faillit fouvent ébranler par fa force & par fon poids.

Le Clergé féculier & régulier partagent les fruits du Cultivateur laborieux fous deux dénominations différentes, comme Propriétaire de Fiefs, & comme Miniftre de la Religion. Sous le premier titre, il leve des droits féodaux ; fous le fecond, il perçoit la dîme.

CHAPITRE SECOND.

Du Clergé, confidéré comme Propriétaire de Fiefs.

Observations sur cette Propriété.

Il est vraisemblable que les Princes donnerent d'abord au Clergé des biens allodiaux, des terres faliques ou des terres franches. Ces donations faites dans les premiers temps, sous le nom d'immunités ou de franche-aumône, n'étoient chargées d'aucun service temporel ; mais depuis le septieme siecle, ces donations se multiplierent à l'infini. Les libéralités postérieures à l'établissement du système féodal & de la suzeraineté, ont pris le caractere de ces institutions ; c'est-à-dire, que tous les biens cédés au Clergé, ayant été à cette époque inféodés, avoient toutes les qualités, toutes les prérogatives & toutes les charges des Fiefs : ce qui donne lieu à plusieurs considérations.

PREMIERE CONSIDÉRATION.

L'incompatibilité.

Les Fiefs emportoient avec eux l'obligation du service militaire ; les possesseurs de Fiefs étoient obligés de servir de leur personne en temps de guerre. Comment des Ministres de paix pouvoient-ils la contracter ? Quel étoit le motif des Donateurs ? Ils étoient persuadés, avec raison, que la sainteté du Sacerdoce ne permettoit pas à ceux qui en étoient revêtus, de s'occuper des travaux nécessaires aux besoins de la vie, & que, voués à une profession toute spirituelle, il ne falloit pas qu'ils fussent distraits par des soins temporels. Cependant la nature des biens qu'on leur donnoit, contrarioit directement ce but. Les Donataires ne pouvoient allier l'esprit évangélique avec l'obligation inhé-

rente

rente à leurs Fiefs; & fi l'on a vu plufieurs fois des Prélats à la tête de leurs
Vaffaux, endoffer le harnois & chauffer
les éperons, ce n'a été qu'un fcandale de
plus. Mais, dira-t-on, ils faifoient faire
le fervice de leurs Fiefs : cela même en
démontre l'incompatibilité, & prouve qu'il
ne falloit pas les en revêtir (17).

Cette incompatibilité eft plus évidente
encore dans le Clergé régulier. Les Moines
font liés par des ferments plus étroits à
l'humilité, aux macérations, au dépouil-
lement de foi-même ; cependant ils pof-
fedent les titres les plus éminents, les
plus beaux Fiefs & les plus riches Domaines. C'eft pour ces heureux Solitaires
que le Cultivateur, l'habitant des Campagnes eft journellement couvert de fueurs,
excédé de fatigue, accablé de mifere. Ce
font ceux qui ont fait vœu de pauvreté
qui font opulents ; ceux qui ont renoncé
folemnellement aux jouiffances du fiecle
qui regorgent de biens ; ceux qui ont fait
vœu d'humilité qui font Seigneurs. Des

I. Partie.   E

Moines Seigneurs! quelle contradiction dans les perfonnes & dans les chofes! Ne diroit-on pas qu'ils n'ont juré que pour faire acquitter leur ferment par leurs Vaffaux? car lefquels pratiquent plus littéralement l'abftinence, l'abnégation & les fouffrances?

Voulez-vous remarquer une contradiction plus frappante encore, entre la nature des dons faits à l'Eglife & la condition des Donataires? Confidérez les Abbayes de Filles, auxquelles on a attaché des titres féodaux, des honneurs, des prérogatives incompatibles avec leur fexe & leurs vœux. Ces Vierges féparées plus rigoureufement du commerce avec les hommes, vouées à une clôture plus auftere, peuvent-elles remplir les devoirs inféparables de leurs Fiefs & des titres dont on les a dotées? Ces libéralités ne renverfent-elles pas, par l'efpece du don même, tout efprit d'ordre & de convenance? Cependant ce renverfement fubfifte de nos jours; mais il n'en bleffe pas moins le bon fens & la raifon.

(67)

Un de vos plus célebres Auteurs , (M.
de Montesquieu) a dit que la Religion
Chrétienne humilie bien plus ceux qui l'é-
coutent que ceux qui la prêchent ; il avoit
raison ; il avoit autant de raison de dire
encore que les Monasteres & les Hôpitaux
font que tout le monde vit à son aise ,
excepté ceux qui travaillent.

Les Souverains de la Chine étoient pé-
nétrés de cette vérité. « Nos Anciens ,
» disoit un Empereur de la Famille des
» Tang, tenoient pour maxime, que s'il
» y avoit un homme qui ne labourât pas,
» une femme qui ne s'occupât pas à filer,
» quelqu'un souffroit le froid ou la faim
» dans l'Empire ». Sur ce principe, il fit
détruire une infinité de Monasteres de
Bonzes (a).

Le premier Souverain de l'Allemagne
paroît convaincu du même principe. On
le voit, depuis son avénement au Trône,
n'écouter que sa sollicitude paternelle pour
la partie laborieuse de ses peuples, & s'oc-

____

(a) Voyez le P. du Halde, Tome II, page 497.

cuper, pour la foulager, à élaguer l'exubé-
rance monachale , gibbofité parafite en-
gendrée par la pareffe & la fainéantife (18).

SECONDE CONSIDÉRATION.

L'inaliénabilité.

Tous les biens cédés au Clergé, ont
contracté le caractère de main-morte,
c'eft-à-dire, qu'ils font morts pour le commerce. Tous les autres fujets du Roi ne
font plus admis à les acquérir : c'eft une
portion fouftraite à toute mutation : c'eft
parce que le Clergé ne meurt pas, que
fes biens font morts pour la Nation. Quel
que foit l'accroiffement de la population
& des richeffes acquifes par le commerce,
le peuple ne pourra jamais échanger ces
richeffes contre une poffeffion eccléfiaftique ; il y a un cinquieme des terres du
Royaume, en y comprenant la dîme, qui
font main-mortables (*a*). C'eft un cin-

____

(*a*) La plupart des Calculateurs politiques portent cette
quantité au tiers, d'autres au quart ; cela eft très-pro-

quieme dans la maffe des propriétés qui n'entre plus dans la circulation, & que l'adminiftration ne peut plus offrir comme appât & comme récompenfe au peuple laborieux; c'eft un obftacle qui décourage l'émulation & l'induftrie dans le même rapport. Le Cultivateur des terres mainmortables eft donc, par l'ordre actuel des chofes, condamné à n'en partager jamais la propriété & à la fillonner éternellement pour autrui.

Cependant il n'y a que l'efpoir de la propriété qui anime le travail; il n'y a que la propriété dans la main du pere de famille qui anime l'Agriculture. L'Eccléfiaftique eft ufufruitier; l'ufufruitier jouit & n'améliore pas; il ne plante pas, il ne répare pas, &c. &c..... Loin d'employer le préfent au profit de l'avenir, il dévore fouvent tous les deux.

Les Loix romaines avoient accordé

---

bable : cependant je ne porte qu'au cinquieme la totalité des biens du Clergé, même en y comprenant les dîmes, afin de mettre mes calculs à l'abri des *u* eproche.

des récompenses & des prérogatives aux peres de famille, & décerné des peines contre les Célibataires. (*Voy. les Loix d'Auguste & les Loix Papiennes*). Elles avoient pour but d'honorer le mariage, de seconder les vœux honnêtes de la nature, d'encourager le travail & de conserver les mœurs qui ne font jamais plus pures que quand les mariages font nombreux. Conftantin, à qui il a plu au Clergé de donner le nom de Grand, fut le premier qui les altéra. On atténua depuis succeffivement les privileges qu'elles accordoient; peu à peu elles tomberent en défuétude.

On vit enfuite fuccéder aux vues fages & bienfaifantes de ces loix, je ne fais quel efprit de quiétude, de myfticité & de contemplation qui décerna au contraire tous les honneurs, toutes les richeffes à la virginité & au célibat. Nouvelle opinion qui, rompant tous les liens civils & politiques, porta l'homme vers une perfection imaginaire & exagérée, qui excédoit fes forces

& paſſoit ſa meſure, lui preſcrivoit des devoirs qu'il ne pouvoit remplir que par des
vertus ſurnaturelles, ſur leſquelles il ne
faut jamais compter, & qui privoit la
ſociété d'un nombre infini de propriétés qui
étoient autrefois le patrimoine des familles,
& qui, devenues main-mortables, en ſor-
tirent pour ne jamais y rentrer.

Le délire des Inſtituts religieux fut porté
au point qu'on honora la mendicité, &
que, l'érigeant en précepte, le peuple fut
aſſailli par une foule de mendiants autori-
ſés, frêlons pareſſeux qui vinrent partager
encore le miel des abeilles laborieuſes. Ce
qu'il y a de plus inconcevable, c'eſt que
pluſieurs de ces Corps religieux, condam-
nés par leurs Regles à vivre d'aumônes, &
à ne poſſéder aucuns biens, ſont parvenus à obtenir des propriétés, & n'ont pas
ceſſé de lever un tribut ſur le peuple par
leurs quêtes, Propriétaires & mendiants, ils
jouiſſent, à ce double titre, de ce qu'ils poſſedent & de ce qu'ils ne poſſedent pas (a).

____

(a) L'Empereur vient de ſupprimer cet abus dans la Baſſe-

E 4

On compte en France vingt-quatre millions d'habitants (a), & environ cent vingt millions d'arpents. Si les poſſeſſions étoient généralement réparties, chacun auroit cinq arpents en propriété pour pourvoir à ſa ſubſiſtance. Il s'en faut bien que cette proportion exiſte. Le Clergé & la féodalité ont détruit les rapports naturels entre le nombre des individus & celui des propriétés. Le Clergé ſeul poſſede un cinquieme de la ſuperficie du Royaume, ſoit comme propriétaire foncier, ſoit comme décimateur; c'eſt-à-dire, vingt-quatre millions d'arpents. Il faudroit, pour que les rapports fuſſent conſervés, que le Clergé compoſât la cinquieme partie de la population; mais le nombre des Eccléſiaſtiques ſéculiers & réguliers ne monte pas, en France, à cent mille; encore doit-on préſumer que ce

---

Autriche. Il a interdit la quête aux Religieux mendiants, & leur a aſſigné un fonds pour leur ſubſiſtance. (*Voyez la Gazette de France, N°. 95, article de Vienne, du 3 Septembre* 1783.

(a) Voyez le compte rendu au Roi en 1781, page 68.

nombre eſt au-deſſus de l'exacte vérité, ſur-tout depuis qu'on a fixé l'âge pour l'é-miſſion des vœux (a).

Les poſſeſſions du Clergé, conſidéré comme Propriétaire & comme Décima-teur, s'élevent, au moins, à vingt-quatre millions d'arpents : il faut diviſer ce nom-bre par cent mille, on aura pour quotient

---

(a) Il y a en France :   *Individ.*
Cent trente-ſix Archevêques & Evêques, ci . . 136.
Cent trente-ſix Cathédrales, à cinquante Ecclé-
 ſiaſtiques chacune pour les deſſervir. . . . 6,800.
Quatre cents Collégiales, à vingt Prêtres ou
 Deſſervants. . . . . 8,000.
Deux cents cinquante Commanderies. . . . 250.
Quatre Prêtres ou Deſſervants pour chacune. . . 1,000.
Curés des cent trente-ſix Dioceſes. . . . . 33,165.
Vicaires, on peut en porter le nombre au tiers. . 11,184.
Abbayes d'hommes & de filles, 903. (Abbés &
 Abbeſſes,) ci. . . . . 903.
Religieux & Religieuſes, non compris les Abbés &
 les Abbeſſes, à vingt perſonnes par Abbaye, ci. 18,060.
Religieux & Religieuſes des Couvents qui n'ont pas
 le titre d'Abbaye, nombre égal au précédent. . 18,060.
              ————
              97,558.

Nous n'aſſurons pas que ces données ſoient d'une exac-titude abſolue; mais ce ſont des baſes aſſez juſtes pour ne pas craindre d'erreur ſenſible. L'opinion commune ne porte même qu'à ſoixante & quinze mille le nombre des individus qui compoſent le Clergé ſéculier & régulier de la France; nous prendrons cependant le nombre de cent mille pour baſe de nos calculs.

deux cents quarante ; par conféquent chaque individu attaché au Clergé féculier &
régulier, aura pour fa fubfiftance deux cents
quarante arpents par tête.

Les vingt-quatre millions, moins cent
mille têtes, repréfentant toutes les autres
claffes de la Nation, n'auront entr'elles
que quatre-vingt feize millions d'arpents :
ce dernier nombre, divifé par vingt-quatre
millions, moins cent mille têtes, donnera
pour quotient quatre arpents, avec une
portion fi foible en plus, qu'on peut la
négliger.

La poffeffion de chaque individu eccléfiaftique fera donc, à la poffeffion de chaque
individu de toutes les autres claffes, confidérées collectivement, comme 240 eft
à 4 ; c'eft-à-dire, que les moyens de fubfiftance de chaque Eccléfiaftique, comparés à ceux de toutes les autres claffes, font
au moins comme 60 eft à 1 (a).

____

(a) L'Empereur de la Chine *Hoei-Tchang* penfa, avec
tous les Sages de la Nation, qu'il importoit à fon bonheur
de détruire toutes les Bonzeries ; quoique dans un Royaume

Je n'ai confidéré chaque Eccléfiaftique
que comme n'étant pas propriétaire, per-
fonnellement, d'aucun bien ; cependant
chaque Prêtre féculier doit être néceffaire-
ment confidéré comme propriétaire, parce
qu'il a droit de partage & d'hérédité dans
le bien de fes peres, & parce que, fuivant la
Loi, il ne peut parvenir à la Prêtrife, que
fous la condition de préfenter un patrimoine. C'eft par cette confidération que
j'ai dit qu'on pouvoit négliger la fraction
infenfible du quotient, & que les moyens
de fubfiftance de chaque Eccléfiaftique,
comparés à ceux de chaque individu de
toutes les autres claffes, prifes collectivement, étoient au moins comme foixante
eft à un (a).

---

auffi étendu, & dont la population montoit alors à plus
de 150 millions d'ames, il n'y eût que deux cents foixante mille Bonzes, c'eft-à-dire, un fur fix cents individus.
(*Voyez Defcription générale de la Chine*, page 469.)

(a) Voyez, à l'appui de ce que l'Auteur dit dans ce Chapitre, l'Ouvrage intitulé : *Confidérations fur les intérêts du
Tiers-Etat, adreffées aux Peuples des Provinces, par un
Propriétaire foncier*, (1788) depuis la page 87 jufqu'à la
page 94.

L'Auteur de ces Confidérations cite (p. 61) M. Bouche,

Ce résultat présente une abfurdité politique , un abus révoltant , qui renverfe
les principes de toute fociété , en brife les
liens & en détruit les rapports. Si on le
trouvoit exagéré , je ferois remarquer que

---

d'Aix , qui rapporte une obfervation tirée des Mémoires de
Boulanger que voici : « On a calculé que le Clergé poffede ,
» en toute propriété , le tiers , au moins , des biens-fonds
» de la France ; qu'il a le tiers des deux autres tiers par les
» rentes dont les fonds de cette portion font chargés à fon
» profit ; qu'il préleve encore fur cette même portion , la
» dîme , antécédemment aux rentes. Ce tiers, ce dixieme ,
» ce tiers des deux autres tiers , font , à-peu-près , la moitié
» des biens-fonds du Royaume.

Il paroît que la véritable eftimation des poffeffions du
Clergé peut être portée , fans exagération , au tiers du revenu de la totalité des terres du Royaume. Ainfi il convien-
droit de réformer le réfultat des calculs de l'Auteur de ce
Mémoire.

Le Royaume contient 120 millions d'arpents.

Le Clergé en poffede le tiers, ou 40 millions d'arpents.

Il faut divifer ce nombre par cent mille , nombre des
individus Eccléfiaftiques , on aura pour quotient 400.

Les 80 millions d'arpents reftants aux 14 millions de population qui compofent les deux autres claffes , confidérées ,
collectivement , étant divifés par ce nombre , donneront pour
quotient trois un tiers d'arpent par tête.

La poffeffion de chaque individu Eccléfiaftique fera donc
à la poffeffion de chaque individu de toutes les autres
claffes , confidérées collectivement , comme 400 eft à trois
un tiers , ou , ce qui eft la même chofe , comme 120
eft à un. (*Note de l'Editeur.*)

je n'ai compris dans le calcul précédent, ni les aumônes, ni les droits attribués à l'Autel, ni les offrandes, ni le produit des Sacrifties, ni le revenu des Messes, ni enfin le revenu ecclésiastique connu sous le nom de casuel; objet immense & certain : car quel est l'homme qui n'est pas nécessairement tributaire de l'Eglise à sa naissance, à son mariage & à sa mort (a)?

Cette inégalité monstrueuse sera plus frappante encore par les considérations suivantes. On compte, au moins, quatre têtes par feu ou chef de famille, y compris les enfants & les domestiques : ainsi, les vingt-quatre millions, moins cent mille têtes, peuvent être représentés par six millions de chefs de famille, qui font les souches réproductives de la génération future. Mais qui

---

(a) On compte annuellement en France, par le relevé des Regiftres des morts & des naissances, environ 800,000 morts, & 900,000 naissances; ensemble 1,700,000. Quand on ne porteroit la rétribution de chaque mort & de chaque naissance l'un dans l'autre qu'à trois livres, ces deux objets seuls monteroient à plus de cinq millions.

ne voit que ce font ces fix millions de chefs qui font chargés de fon entretien, de fa nourriture, de fon éducation; que ce font ces fix millions de chefs qui fupportent les travaux de l'Agriculture, du Commerce & des Arts, le poids des impôts, les foins de l'adminiftration & de la défenfe de l'Etat; enfin, que c'eft le travail de ces chefs de famille qui pourvoit à la fureté & à la fubfiftance de dix-huit millions de têtes qui font fous leurs ordres & qui vivent à leurs frais? Cependant cette partie active & féconde de la Nation a 60 fois moins de moyens, 60 fois moins de richeffes foncieres, malgré toutes fes charges, que la claffe ftérile & difpenfée des travaux. *Hinc mali labes.*

L'Angleterre a reconnu, il y a environ deux fiecles, l'influence de ce barbarifme économique. Le plus grand obftacle que les Souverains aient eu à vaincre pour développer & mettre en action les caufes qui produifent la richeffe & la félicité publiques, a été, chez tous les peuples de la terre, l'opinion que le Sacerdoce avoit

inspirée pour établir son pouvoir & sa domination.

La Russie n'a commencé à connoître ses
forces & à les développer, que depuis que
son Clergé, autrefois redoutable, a été dépouillé des immenses possessions que la su-
perstition lui avoit prodiguées, & du mil-
lion d'esclaves qu'il employoit à les ex-
ploiter.

La Suede étoit, avant Gustave-Vasa,
courbée sous le despotisme du Sacerdoce;
il y exerçoit la principale autorité. Ce
grand Prince rompit ces chaînes religieuses, & dépouilla le Clergé de ses usurpations.

Si la Pologne avoit marché sur les
mêmes traces; si les trop grandes possessions réunies dans la main d'un trop petit
nombre de Propriétaires; si l'esclavage
des habitants des campagnes n'y avoit pas
tari les sources de la réproduction, elle ne
seroit pas tombée dans l'état de langueur &
d'anéantissement où elle gémit aujourd'hui;
elle n'auroit pas vû ses membres déchirés

devenir la proie de l'ambition de ses voi-
sins.

Joseph II, secouant enfin les préjugés
qui avoient égaré ses prédécesseurs, pré-
pare à ses Sujets, par les Réglements les
plus sages, une prospérité à laquelle ils
n'auroient jamais pu prétendre sous un
Gouvernement qui n'auroit pas proscrit
les principes inhumains de l'intolérance,
& posé des bornes à la richesse & à la puissance du Clergé.

« Lorsque Henri VIII voulut réformer
» l'Eglise d'Angleterre, dit M. Bur-
» net, il détruisit les Moines, nation pa-
» resseuse elle-même, & qui entretenoit
» la paresse des autres, parce que pratiquant
» l'hospitalité, une infinité de gens oisifs,
» Gentilshommes & Bourgeois, passoient
» leur vie à courir de couvent en couvent.
» Il ôta encore les Hôpitaux, où le bas
» peuple trouvoit sa subsistance, comme
» les Gentilshommes trouvoient la leur
» dans les Monasteres. Depuis ce chan-
» gement, l'esprit de commerce & d'in-
                                    » dustrie

» duſtrie s'établit en Angleterre. » (*Voyez l'Hiſtoire de la Réforme d'Angleterre , par M. Burnet.*).

Le Clergé y étoit très-nombreux & très-opulent, dans le temps où elle payoit le denier de ſaint Pierre, & où elle étoit , pour ainſi dire, nation-lige de la Tiare. La révolution fut l'époque & le germe de ſa proſpérité. La plus grande partie des biens du Clergé rentra dans la circulation, & redevint le domaine des peres de famille. Le nombre des Eccléſiaſtiques fut prodigieuſement réduit; on n'en compte aujourd'hui que 10,500. On ne conſerva au Clergé qu'environ quinze cents mille livres ſterling de propriétés foncieres, & les revenus eccléſiaſtiques ne montent pas aujourd'hui à plus de deux cents dix mille livres ſterling. (*Voyez les Calculs de Watſon, Warner, Young & Burke.*)

Il réſulta de cet heureux changement, 1º. que les propriétés immenſes du Clergé, autrefois preſque ſtériles, lorſqu'elles appartenoient à des uſufruitiers, acquirent

I. Partie.   F

la plus grande fécondité entre les mains des Citoyens ; 2°. que les propriétés furent réparties dans une proportion raifonnable, & que les terres fouftraites à la poffeffion du Clergé, cefferent d'être main-mortables, & devinrent le prix offert à l'induftrie & au travail de la Nation ; 3°. que ces terres contribuerent, dans une proportion égale, aux charges de l'Etat. Cette balance rétablit les rapports entre les Contribuables, refferra les nœuds de la fociété, anima l'émulation, & fut enfin la caufe du dégré de force auquel l'Angleterre s'éleva depuis cette époque.

Voulez-vous connoître les moyens de puiffance d'un peuple, & les comparer à ceux d'un autre peuple ? calculez les propriétés foncieres, les dîmes, les privileges & le nombre d'Eccléfiaftiques de chacun de ces peuples, vous aurez une échelle fure pour mefurer leur force civile, économique & politique. Plus le Clergé y fera riche, puiffant, privilégié, moins l'Agriculture, le Commerce, les Sciences & les

(83)

Arts y auront fait des progrès, moins les
Cultivateurs & les habitants des campagnes
y auront d'aisance. J'ai dit qu'il falloit faire
entrer dans ce calcul de comparaison les
privileges des Eccléfiaftiques ; ce qui me
conduit à une derniere confidération.

TROISIEME CONSIDÉRATION.

L'immunité.

NON-SEULEMENT le Clergé poffede en
France des fonds & des revenus dans une
proportion monftrueufe, relativement aux
propriétés de toutes les autres claffes, confidérées collectivement ; mais il ne contri-
bue aux impôts que dans un rapport plus
inégal encore en raifon de fes propriétés.

Tous les biens eccléfiaftiques font pof-
fédés noblement : ils jouiffent même, à
cet égard, de franchifes plus confidérables
que la Nobleffe, fans en avoir les charges ;
autre difproportion injufte.

1º. Les Eccléfiaftiques ne paient, ni capitation , ni vingtieme , auxquels le premier Ordre de l'Etat eft affujetti.

2°. S'ils contribuent à quelques impôts , foit pour le produit de leurs Bénéfices , foit pour le produit de leur patrimoine , (car le caractere facerdotal réunit en eux une double exemption fous deux dénominations ; favoir , comme Titulaires d'un Bénéfice , & comme Propriétaires d'un bien patrimonial) ; fi , dis-je , ils contribuent à quelques impôts , c'eft toujours dans une proportion énorme , même en comparaifon de la contribution de la Nobleffe.

Prenons un exemple dans les droits d'Aides. Si la Nobleffe paie 55 fols pour la vente d'une piece de vin , le Clergé ne paie que 18 fols pour le vin de Bénéfice , & 36 fols pour le vin de patrimoine ; c'eft-à-dire , que , dans le premier cas , il ne paie que le tiers , & dans le fecond que les deux tiers de l'impôt auquel la Nobleffe eft foumife.

Si vous comparez la contribution du Clergé , relativement à cet impôt , avec

(85)

celle de tous les autres ordres de Propriétaires & de Cultivateurs, la différence sera
bien plus considérable. Ceux-ci sont sujets
au droit de gros dans la vente du vin, &
aux accroissements additionnels qui l'ont
doublé. Il arrive delà que, presque dans
tous les cas, le Propriétaire & le Cultivateur roturiers qui n'ont obtenu de la
terre cette précieuse production que par
de grosses avances & par un travail cons-
tant & opiniâtre, paient neuf ou dix fois
autant que l'heureux & tranquille Bénéficier
qui n'a contribué à la récolte, ni par ses
peines, ni par ses dépenses.

On ne m'objectera pas que le Clergé
paie l'équivalent par le don-gratuit; car
quel rapport entre le don-gratuit & ses
possessions ? quel rapport entre le don-
gratuit & le cinquieme du produit du
Royaume (19) ? quel rapport entre le don-
gratuit & la taille, la capitation, l'industrie, les vingtiemes, le centieme-
denier, &c. &c.... auxquels les autres
Propriétaires sont soumis ? La justice dif-

F 3

tributive eft-elle exercée à cet égard ? qui ofera l'affurer (a)?

On ne m'objectera pas avec plus de raifon que les Fermiers, les Cultivateurs, les Adminiftrateurs des biens du Clergé paient la Taille, la Capitation & tous les autres Impôts. Les Laboureurs & tous les Collaborateurs des biens des autres Propriétaires ne font-ils pas affujettis aux mêmes contributions ? Néanmoins ces autres Propriétaires ne les paient-ils pas encore pour eux-mêmes? C'eft donc une illufion de dire que le Don-gratuit repré-fente ce que le Clergé devroit payer en raifon de fes propriétés foncieres, de la dîme & de fes autres revenus : cependant

____

(a) La preuve inconteftable que le Clergé ne paie pas, dans une proportion mefurée fur fes facultés, la charge des impofitions que fupportent tous les fujets de l'Etat, c'eft la réfiftance qu'il a oppofée à l'exécution de la Déclaration du mois d'Août 1751, qui ordonnoit que tous les Béné-ficiers feroient tenus de donner, dans fix mois, une décla-ration des biens & revenus de leurs Bénéfices. Comme c'étoit le feul moyen de connoître combien il y avoit peu de proportion entre les moyens & les facrifices du Clergé, il fit les plus grands efforts pour écarter la difpofition de cette Loi, qui, effectivement, ne fut pas exécutée.

il ne peut fe faire qu'un contribuable paie moins, qu'en même-temps un autre contribuable ne paie plus. Cette furcharge fur qui tombe-t-elle? N'eft-ce pas fur la Claffe laborieufe de la Nation? Ne vous étonnez donc plus de la malheureufe condition de vos Laboureurs & des Habitants de vos Campagnes. *Hinc mali labes.*

CHAPITRE TROISIEME.

La Dîme.

LA dîme n'eft pas une inftitution primitive, un droit contemporain à l'établiffement du Clergé en France : elle n'exiftoit pas encore fur la fin du feptieme fiecle; la dîme étoit originairement un droit feigneurial & économique. Loin que l'Eglife levât des dîmes à fon profit avant cette époque, toute fa prétention fe bornoit à s'en faire exempter *(a)*. On ne peut en faire remonter l'établiffement en faveur du Clergé qu'au regne de Charlemagne.

(a) Voyez l'Efprit des Loix , Liv. XXXI , Chap. XII. Voyez auffi la note de la page 251 du Livre qui a pour titre : *Recherches & Obfervations fur les Loix féodales.* L'Auteur cite une Conftitution de Clotaire II , (feptieme fiecle) qui ordonne qu'on ne levera pas la dîme fur les biens du Clergé. Si l'on affranchit l'Eglife de payer la dîme , elle ne lui étoit donc pas due? le Clergé y étoit donc affujetti?

(89)

Il ne faut pas affimiler les dîmes levées par le Clergé de France à celles que
payoit la nation Juive. L'établiffement de
la dîme, chez les Juifs, faifoit partie de
la fondation & de la conftitution de cette
république théocratique. En France, au
contraire, les dîmes feigneuriales exiftoient
dès l'origine de la Monarchie; & les dîmes
eccléfiaftiques établies par Charlemagne ,
poftérieures & indépendantes des premieres, furent une nouvelle furcharge
pour le peuple : elle lui parut fi acca-
blante , que ce Monarque , quoique le
plus puiffant des Rois qui aient gou-
verné la France, quoiqu'il ait donné lui-
même l'exemple en affujettiffant fes
propres fonds à ce nouvel impôt, eut
befoin de toute fon autorité, pour vaincre
la réfiftance que la Nation lui oppofa. Il
fallut le concours des loix civiles & eccléfiaftiques [pour y parvenir; encore la
Nation ne donna-t-elle fon confentement
à l'établiffement de ces dîmes, qu'à condition qu'elle pourroit les racheter; con-

dition remarquable & qui pourroit devenir un titre précieux pour le soulagement du peuple (20).

Il est vrai que les Empereurs, Louis & Lothaire, fils & petits-fils de Charlemagne, ne donnerent pas leur sanction à cette réserve, qu'ils s'opposerent même au rachat des dîmes que la Nation réclamoit ; mais personne n'ignore quelle fut la puissance du Clergé sous leur regne : elle s'accrut au point que l'autorité royale fut à la merci du Sacerdoce, & dégradée dans la personne du fils du plus généreux & du plus magnifique de ses bienfaiteurs (a).

Je m'arrête un moment, pour faire observer que le peuple demeura alors doublement chargé des dîmes seigneuriales & des dîmes ecclésiastiques. Les Seigneurs, comme nous l'avons vu ci-dessus, levent, en vertu de leurs dîmes ou autres droits

____

(a) *De decimis quas dare populus non vult, nisi quolibet modo ab eo redimantur, ab Episcopis prohibendum est ne fiat.* Capitulaire de Louis le Débonnaire, à Worms, en 829, C. VII.

féodaux fous le nom de terrage , champart ou autres , un quart du produit net,
ce qui fait trois gerbes fur douze ; les
dîmes eccléfiaftiques montent affez généralement à la douzieme gerbe : ainfi ces
deux dîmes réunies prélevent quatre gerbes
fur douze ; c'eft déja le tiers du produit
net de la récolte. Ce n'eft pas tout : il
faut ajouter à ce prélévement les trois
vingtiemes royaux actuellement exiftants,
lefquels emportent encore deux gerbes au
moins à caufe des droits acceffoires au
principal. Ainfi , il eft rigoureufement
vrai que ces trois impôts , feulement &
exclufivement à tous autres, prélevent fix
gerbes fur douze. Il ne refte donc aux
Propriétaires , aux Cultivateurs & aux
habitants des Campagnes, que la moitié
de la récolte pour fournir aux femences,
à l'intérêt de la valeur des terres, aux
frais de labour, à leur fubfiftance, & à
l'acquittement de tous les autres impôts.
Ce réfultat, décourageant pour la propriété fonciere & pour l'Agriculture,

(92)

mérite les plus sérieuses réflexions du Gouvernement. *Hinc mali labes.*

Quel doit en être l'effet, sinon de réduire enfin les agents de l'Agriculture à
la nécessité de mendier le pain qu'ils ont
fait croître, le pain que nous mangeons
à la sueur de leur corps? Cet effet prévu
par le raisonnement, n'est que trop prouvé
par l'expérience. Consultez les Adminis-
trateurs des Hôpitaux & des Maisons de
Charité; consultez le relevé des différentes
classes d'hommes & de femmes que la
misere & les infirmités y ont conduits;
vous trouverez cet affligeant tableau, savoir, que plus de la moitié de ces infor-
tunés est composée des habitants des Campagnes, des Pâtres, des Charretiers, des
Journaliers, des Collaborateurs de l'Agriculture, de leurs femmes, de leurs veuves
& de leurs enfants. Ce fait déplorable est
consigné dans les états périodiques des dé-
pôts de mendicité, où l'on garde les tristes
archives des miseres humaines (a).

____

(a) Voyez le compte rendu pour l'année 1782 du Dépôt

Je reviens aux motifs qui ont engagé Charlemagne à établir les dîmes ecclé-siastiques. J'ai déja dit que l'Eglise avoit été dépouillée d'une grande partie de ses biens par Charles Martel. Pépin n'avoit pu les faire restituer ; il s'étoit contenté de soumettre au paiement des dîmes & aux réparations des Eglises, ceux qui possédoient en Fief les biens ecclésiastiques.

Lorsque Charlemagne parvint au trône, l'Eglise, ainsi dépouillée, n'avoit plus des revenus assez considérables pour l'exercice du culte & pour l'entretien de ses Temples & de ses Ministres. La Religion souffroit depuis long-temps des spoliations & de la situation précaire où se trouvoit le reste des possessions du Clergé. Ce Prince voulut non-seulement dédommager l'E-glise de ses pertes, mais lui assurer encore l'état fixe & permanent qu'elle avoit perdu. Tels sont les motifs qui l'ont déterminé à l'établissement des dîmes ecclésiastiques :

de mendicité de la Généralité de Soissons.

elles n'ont donc été impofées que pour
fuppléer les moyens que l'Eglife n'avoit
plus lors de leur établiffement.

Si, depuis ce temps, les circonftances
ont tellement changé, que l'Eglife poffede
aujourd'hui des biens affez confidérables
pour fubvenir à tous fes befoins indépendamment des dîmes, quel eft le tribunal,
ami de l'humanité, qui trouveroit injufte
que les Propriétaires, les Laboureurs, les
habitants des Campagnes réclamaffent la
condition mife par leurs ancêtres, lors de
l'établiffement de ces dîmes, & deman-
daffent, à l'autorité légitime, la permiffion d'être admis à en faire le rachat? Eh!
qui fait fi Charlemagne lui-même (car on
peut le préfumer des vues d'un auffi grand
Roi) ne prévoyoit pas, en tolérant cette
condition, que cet impôt néceffaire alors,
cefferoit peut-être de l'être un jour, &
par conféquent qu'il étoit jufte de laiffer
à la Nation l'efpérance de le racheter?

CHAPITRE QUATRIEME.

Des abus qui se sont introduits dans la perception de la dîme.

LORSQUE le Clergé fut autorisé par le Prince à lever la dîme sur le peuple, il ne se renferma pas dans l'esprit, ni dans le texte de la loi ; il étendit successivement ce droit, non-seulement sur toutes les productions de la terre, mais sur tous les objets qui, par leur nature, n'en étoient pas susceptibles. Ce droit que, par une fausse assimilation du nouveau à l'ancien Testament, il appelloit divin & incontestable, n'eut bientôt plus de bornes. Ces prétentions s'établirent facilement chez des peuples ensevelis dans la plus profonde ignorance, & par conséquent crédules & superstitieux (21).

Les Ecclésiastiques leverent alors le dixieme sur l'industrie, sur les gains du

Commerce, ſur les legs teſtamentaires, ſur les gages des Laboureurs, ſur la paie des Soldats, quelquefois même ſur les revenus des charges de la Cour. Ces extenſions vexatoires opprimerent la Nation pendant pluſieurs ſiecles : cependant l'avidité du Clergé fut ſucceſſivement réprimée à meſure que les eſprits s'éclairoient, & que la raiſon reprenoit ſon empire. Le Sacerdoce, lui-même plus inſtruit, devint plus modéré, & le droit de dîme rentra ſucceſſivement dans les bornes que la loi lui avoit preſcrites.

Mais quelque modifié qu'il ſoit aujourd'hui, il porte en ſoi un principe de découragement pour la culture ; ce droit n'eſt pas fixe ; il eſt toujours perçu en proportion de la récolte : de ſorte que, ſi un Cultivateur actif & intelligent parvient à obtenir un meilleur produit de ſon champ, le Décimateur partage le fruit de ſon activité & de ſes talents. Si la dîme étoit un droit fixe & invariable, le colon ſeroit moins découragé, parce que toute l'augmentation du produit reſteroit

entre

entre fes mains, comme la récompenfe de fon labeur : ainfi la dîme eft non-feulement un fardeau très-pefant pour l'Agriculture par fa quotité, mais encore un obftacle très-préjudiciable à l'émulation & à la reproduction annuelle par fa progreffion proportionnelle ; & vous vous étonnez que vos Laboureurs & les habitants de vos Campagnes foient pauvres & miférables ? Il y a près de mille ans que la Nation avoit prévu cet état déplorable pour fes defcendants, lorfqu'elle oppofoit la plus grande réfiftance à l'établiffement des dîmes eccléfiaftiques. Je le répete : *Hinc mali labes.*

A ce vice inhérent, à la nature de ce droit, s'eft joint un abus plus intolérable encore ; mais cet abus eft commun aux dîmes feigneuriales & eccléfiaftiques. Je veux parler de l'augmentation des mefures relativement à l'acquittement de ces dîmes.

On doit fe rappeller ce que j'ai dit des temps de confufion où la Monarchie féodale s'eft élevée fur les débris de la Mo-

I. Partie. G

narchie politique. Les Seigneurs Eccléfiaftiques & Laïques s'étoient arrogé prefque
tous les droits régaliens dans leurs Domaines ; ils les régiffoient par des loix
fifcales & des ordonnances particulieres
de Police qui n'avoient d'autre regle que
leur volonté & fouvent leur cupidité : c'eft
alors que pour groffir leurs revenus, fans
changer la quantité numéraire , ils au-
gmenterent les poids & les mefures avec
lefquels les Vaffaux devoient acquitter les
droits féodaux. Le Clergé non moins avide
les augmenta, & pour les rentes féodales,
& pour les dîmes Eccléfiaftiques. Chaque
Abbaye, chaque Chapitre, chaque Baron-
nie, Comté ou Marquifat, eut fa mefure particuliere, très-différente des matrices qui avoient été fixées autrefois par
les Romains & par les Rois Francs.

La différence de ces mefures arbitraires
eft telle, que, dans quelques-unes de vos
Provinces, elle augmente de près d'un
tiers la quotité du devoir féodal & de la
dîme. J'en connois une, & j'en adminif-

terai la preuve, où la contenance de la
mesure de telle Abbaye, de tel Chapitre,
comparée à la mesure coutumiere, muni-
cipale & généralement admise dans le
commerce, même par les Seigneurs & le
Clergé lors de la vente, est comme 144
est à 100 : de sorte que le vassal qui ne
payoit originairement que cent mesures,
en paie aujourd'hui cent quarante-quatre,
quoiqu'il paroisse n'en payer que cent ;
fraude inique, surcharge énorme d'un
droit déja trop onéreux. Quoi ! deux mesures & deux balances, l'une pour recevoir
& l'autre pour vendre ! Car, remarquez
que les Seigneurs qui ont exigé leurs droits
à leur mesure, en revendent le produit
à la mesure courante & reçue dans le
commerce, toujours moindre que la
leur. Cette violation manifeste de toute
justice, ne sollicite-t-elle pas l'animadver-
sion la plus vigilante & la réforme la plus
prompte & la plus sévere ?

Cette superfétation fiscale tombe toute
entiere sur les Propriétaires, les colons

& les habitants des Villages, parce qu'elle
pese, non sur les possessions enceintes dans
les Cités & dans les Villes, mais sur les
produits de la terre & sur les propriétés
des Campagnes ; & vous vous étonnez
de la malheureuse condition de ceux qui
les habitent ? Je le repete encore : *Hinc mali
labes.*

Il y a long-temps que l'on désire qu'on
établisse un poids & une mesure uniformes
dans toutes les Provinces de France : les
intérêts du commerce le demandent ; mais
ceux de la culture réclament avec autant
de droit cette uniformité (*a*). Elle feroit

(*a*) Les poids & mesures étoient uniformes dans l'Empire
Romain. (Voyez le Traité de Frontin.) Voyez aussi le Livre
intitulé : *De la Monarchie Françoise & de ses Loix*, p. 51.
Charlemagne, qu'on ne peut trop citer comme le modele
d'un grand Administrateur, exigea aussi, dans son Empire,
l'égalité des poids & des mesures. (*Voyez le Livre cité ci-
dessus , page 226 , & les Capitulaires de ce Prince.*)
*Volumus ut æquales mensuras & rectas , pondera
justa & æqualia, omnes habeant , sivè in Civitatibus , sivè
in Monasteriis , sivè ad dandum in illis , sivè in accipiendum.
Capitul. Carol. Magn. ann. 789 , apud Baluf. Tom. I,
col. 238. Capitul. incerti ann. Cap. 45 , apud D. Bouquet ,
Tom. V , page 691.*
*Volumus ut quisque Judex in suo ministerio mensuram
modiorum , sextariorum , & siculas per sextaria octo , &*

(101)

disparoître toutes les usurpations féodales
& décimales, dont le Cultivateur est accablé.

Cette surcharge onéreuse n'a pas échappé
aux yeux pénétrants de M. Colbert. Ce Mi-
nistre éclairé provoqua à ce sujet un réglement dans le premier tribunal du Royaume.
Le Parlement de Paris ordonna, par un Arrêt
du 15 Octobre 1665, « Que tous les Sei-
» gneurs rapporteroient les titres en vertu
» desquels ils prétendoient leurs droits ;
» & à faute de ce faire, dans le délai
» prescrit, il leur fit défense de les lever,
» à peine de concussion. »

Par un second Arrêt, cette Cour ordonna « que toutes les mesures seroient
» réputées conformes à celles du plus pro-
» chain marché des lieux ; & à l'égard
» de celles où il y auroit titres, qu'elles
» ne pourroient excéder le quinzieme du
» setier de celles du plus prochain marché.

corborum, eo tenore habeat, sicut & in palatio habemus.
Capitul. de Villis Carol. Mag. Cap. 9, apud D. Bouq.
Tom. V, pag. 652.

» Elle ordonna en outre que tous les poids
» & mesures dont on se serviroit, seroient
» étalonnés, & les matrices remises ès
» mains des Juges & Officiers commis
» par la Police, avec défenses à toutes per-
» sonnes d'en garder & réserver aucunes. »

Rien de plus sage, sans doute, que ces dispositions; mais le crédit & le pouvoir des Seigneurs Ecclésiastiques & Laïques les a rendues presque sans effet; & la plus grande partie de ces abus subsiste encore; tout conspire donc à remettre cette loi en vigueur.

CHAPITRE CINQUIEME.

De la division du produit des dîmes ecclésiastiques.

LORSQUE Charlemagne les établit, il les divisa en quatre parts, & il en assigna l'emploi, savoir, pour la fabrique des Eglises, pour les pauvres, pour les Evêques & pour les Clercs.

Qu'est devenue la part des pauvres? La portion des dîmes assignée à leur soulagement y est-elle religieusement employée? On trouve, dira-t-on, cet emploi dans l'existence des Hôpitaux; mais les revenus de ces Hôpitaux représentent-ils exactement le quart des dîmes? Une partie de ces revenus ne provient-elle pas d'autres libéralités étrangeres au produit des dîmes? Quand cela seroit vrai, relativement au Clergé séculier, cela seroit-il également vrai pour le Clergé régulier ? Non : le quart des dîmes n'eſt pas employé au profit des pauvres : je ſuppoſe cependant que cela ſoit. Le but ne ſeroit pas encore atteint : car les Hôpitaux, les Maiſons de Charité, les aumônes ne font que provoquer la pareſſe & l'oiſiveté. Voyez l'état d'inertie & d'anéantiſſement dans lequel le peuple Romain eſt tombé, depuis que la Ville de Rome eſt couverte d'Hoſpices, de Monaſteres & d'Hôpitaux. Il ne faut pas ſubvenir à la pauvreté ; il faut faire qu'elle n'exiſte pas : la perception de la dîme fait des pauvres, ſon produit fait des fainéants ; double obſtacle aux mœurs & à l'induſtrie des peuples. La ſuppreſſion de la dîme pour les pauvres ſeroit donc un remede bien plus ſûr contre la pauvreté.

QUATRIEME SECTION.

CHAPITRE PREMIER.

Quels font les moyens qu'on peut employer pour diminuer les effets de la féodalité fur l'Agriculture & fes agents.

J'AI tâché d'expofer l'origine de la féodalité, la nature des droits qu'elle a mis dans la main des poffeffeurs des Fiefs, l'origine & l'établiffement des dîmes eccléfiaftiques, & l'influence de tous ces droits fur l'Agriculture, les Laboureurs & les habitants des Campagnes. Je crois avoir prouvé que c'eft aux droits féodaux & à la maffe énorme des poffeffions du Clergé, foit comme propriétaire foncier, foit comme décimateur, que l'on doit at-

tribuer le peu de progrès de l'Agriculture en France, & la malheureuse condition de ses agents ; mais ces possessions
sont consacrées par une jouissance de plusieurs siecles ; la plupart des Propriétaires actuels des droits féodaux en ont
payé le prix : d'ailleurs c'est une maxime
constante qu'il ne faut pas ébranler le
droit de propriété ; c'est l'égide & le boulevard des Empires.

Cependant l'équité ne s'opposeroit pas
à en excepter les contrats par lesquels les
parties se sont imposé des charges réci-
proques : car il est évident que si la charge
cesse d'un côté, le prix accordé de l'autre
ne doit plus être exigible ; il n'est plus
une propriété : or, si on portoit le flam-
beau de la discussion sur les droits féodaux, il y en auroit beaucoup dans ce
cas. L'équité ne s'opposeroit pas davantage à en excepter les droits autorisés
par des motifs qui existoient lors de leur
établissement, & qui n'existent pas aujourd'hui. Or la dîme ecclésiastique est

manifeſtement dans ce cas (22); mais il vaut mieux rejetter tout ce qui pourroit donner lieu aux conteſtations, aux procès, aux paſſions, à l'opinion & à l'arbitraire. Ce n'eſt pas aſſez de s'occuper du danger des maux; il faut prendre garde de ne pas y ſubſtituer le péril des remedes.

On ne doit pas davantage ſuivre l'exemple de l'Angleterre; il faut conſidérer en quelles circonſtances elle ſe trouvóit lors qu'elle le donna. Son éloignement pour le Papiſme, la révolution qui arriva alors dans le dogme & dans le culte, furent deux adminicules très-puiſſants pour établir le ſyſtême d'adminiſtration qu'elle méditoit : ſyſtême dont toutes les parties devoient tendre à encourager le commerce & l'Agriculture.

La France ne ſe trouve pas dans la même ſituation politique : d'ailleurs ſa conſtitution ne comporte, ni remede violent, ni commotion ſubite; elle ne doit arriver au changement, que par des mouvements chroniques, & qui n'occaſionnent

aucune fecouffe fenfible. C'eft à la fageffe du Prince & de fon Confeil à faire
choix des moyens qui feront plus convenables aux loix, aux mœurs & au caractere de la Nation qu'il gouverne. Il n'ap-
partient peut-être pas à un particulier,
encore moins à un étranger de les lui in-
diquer : cependant j'oferai hazarder quelques réflexions.

Vos Souverains ne font parvenus que
graduellement à fupprimer la fervitude
perfonnelle : ils ont commencé à l'opérer
infenfiblement dans leurs Domaines, par
des actes fucceffifs de leur bienfaifance.
Leurs Vaffaux imiterent peu à peu leur humanité ; ils furent enfin convaincus par l'expérience & par leur intérêt, mieux enten-
du, qu'il leur étoit utile de fuivre l'exemple
du Prince.

Le préjugé, l'opinion, l'ufage confacré par une longue fuite de fiecles, font
les obftacles les plus difficiles à vaincre :
les heurter directement, ce feroit manquer fon but. On ne peut détruire l'ou-

vrage du temps que par le bénéfice du temps : les révolutions qu'il apporte dans la nature, arrivent pas à pas : il faut imiter cette lenteur dans les innovations qu'on introduit : c'est ainsi que vos Rois ont enfin consommé la suppression de la servitude de la personne : pourquoi ne suivroient-ils pas la même marche pour abolir un jour la servitude de la glebe ?

Voici comme je conçois qu'elle peut s'opérer sans révolution sensible, & sans nuire au droit d'autrui.

Le Roi, comme Seigneur féodal & suzerain, peut, par la plénitude du droit attaché à cette prérogative éminente, 1º. donner à ses Vassaux le congé féodal, & leur permettre, jusqu'à ce qu'il en soit autrement ordonné, de démembrer leurs terres & Fiefs, & d'en vendre à deniers d'entrée, au prix qu'ils jugeront à propos, telles portions qu'il leur conviendra, en se réservant néanmoins leurs droits honorifiques (23).

2º. Permettre à ses Vassaux de donner à

leurs Vaſſaux & arriere-Vaſſaux de la Couronne un pareil congé féodal , ſauf aux Vaſſaux de Sa Majeſté à ſtipuler , pour ce congé féodal , telle indemnité à deniers d'entrée qu'ils jugeront à propos.

3°. Les héritages & biens qui auront été ainſi aliénés en vertu du préſent congé , ne ſeront plus ſujets, ni au retrait féodal , ni au retrait lignager , ni à aucuns autres droits que celui du centieme denier.

4°. Ils ſeront de nature roturiere, & ne pourront plus être réunis aux Fiefs dont ils auront été démembrés , encore qu'ils reviennent, dans la ſuite, entre les mains des Seigneurs des Fiefs, par voie d'acquiſition ou autrement.

Ce ſacrifice ſeroit abondamment compenſé par l'augmentation des droits de centieme denier , inſinuation, lettres de ratification , &c. &c.

Sa Majeſté pourroit encore nommer une Commiſſion, compoſée d'Officiers du Parlement de Paris , de la Chambre des Comptes & Cour des Aides, pour juger , fommairement & fans frais, les procès pendants entr'elle & fes Vaffaux en tous Tribunaux d'où ils feront évoqués.

Cette derniere difpofition eft conforme à la lettre & à l'efprit de l'Edit du Roi de Sardaigne, du 19 Décembre 1771, portant affranchiffement des fonds fujets à des devoirs féodaux, dont je vais donner l'extrait.

CHAPITRE SECOND.

Extrait de l'Edit du Roi de Sardaigne, du 19 Décembre 1771, portant affranchissement des fonds sujets à des devoirs féodaux, &c. &c.

CHARLES-EMMANUEL expose, dans le préambule de cette Loi, les motifs qui l'ont déterminé à la publier.

« Nous reconnoissons, dit ce Prince, que » ces droits sont onéreux, non-seulement » aux débiteurs, mais souvent aux proprié- » taires, soit par les contestations insépa- » rables des exactions particulieres, soit par » les difficultés & les frais de rénovations, » qui sont, d'ailleurs, une source conti- » nuelle de procès, d'erreurs & d'abus. . . . » Il ajoute, que le soulagement de ses su- » jets, le bien du Commerce & de l'Agri- » culture sont les principaux objets de cet » Edit. »

Ce

(113)

Ce Prince crée, à cet effet, une Chambre Souveraine dans la Capitale de la Savoie, « pour procéder, de la maniere la plus » sommaire, sans procès, sans formalités » superflues, aux affranchissements des de= » voirs féodaux. »

Voici les principales dispositions de cette Loi.

1°. Toutes les Villes, Bourgs & Communautés du Duché de Savoie seront admis à demander l'affranchissement général de toute taillabilité, des lods, cens, servis, plaids & autres droits de cette nature, auxquels les personnes des habitants, ou les maisons, édifices & biens quelconques du territoire pourroient être assujettis, & ce généralement envers tous les Vassaux & autres personnes ou corps, de quelqu'état ou condition qu'ils soient, qui possedent des Fiefs ou emphytéoses dans leur territoire ; grace que Sa Majesté Sarde accorde, outre la liberté qu'elle a déja donnée par son Edit du mois de Janvier 1762, pour

I. Partie.   H

l'affranchiſſement de la taillabilité perſonnelle.

2°. Tous les poſſeſſeurs de Fiefs ſeront
tenus de donner, dans le terme de ſix
mois, pour les préſents, & de neuf mois
pour les abſents, un état des droits qui ſeront attachés à leurs Fiefs, ſous peine d'en
être privés au bénéfice de ceux qui y ſont
aſſujettis, juſqu'à ce que cet état ait été
fourni.

3°. Le prix de l'affranchiſſement ſera
fixé par la Chambre Souveraine établie à
cet effet. En cas de conteſtations entre
les Parties, leſquelles, en aucune circonſ-
tance, ne pourront jamais plaider entr'elles, lorſque le prix aura été fixé par
la Chambre, elle ordonnera aux Parties de
paſſer contrat dans le terme de cinquante
jours. En cas de refus d'une des Parties,
elle déclarera y avoir lieu à l'affranchiſſement, & cette déclaration aura force de
choſe jugée, & le même effet que ſi le contrat eût été paſſé.

4°. Les Communautés ne pourront dé-

(115)

livrer le prix de l'affranchissement aux possesseurs des droits féodaux, que sur les conclusions de l'Avocat-Fiscal-Général , dans
les cas prévus, sous peine d'itératif paiement.

5°. Le Roi ne prélevera qu'une fois
seulement le quatorzieme du prix de
l'affranchissement, outre les autres droits
qui seroient dus pour lors, pour tenir
lieu de l'amortissement d'un revenu éteint
à l'avenir pour la Couronne. Cependant Sa Majesté exempte de cette finance
les possesseurs de Fiefs qui placeront le
prix de l'affranchissement sur les fonds
royaux. Elle déclare, en outre, exempts de
toute finance les affranchissements des
droits qui ne relevent pas de son Domaine.

6°. Les Intendants respectifs donneront
les états prescrits ci-dessus à la réquisition
des Communautés & des particuliers, pour
les droits féodaux qui sont du domaine immédiat de la Couronne, pour le prix en
être également arbitré par la Chambre, le
Roi désirant pareillement en faciliter l'extinction.

H 2

7°. Sa Majesté autorise les Villes, Bourgs & Communautés à aliéner, pour le prix des affranchissements, tous les effets communs qui ne leur seront pas nécessaires, sur l'avis de l'Avocat-Fiscal-Général.

8°. Il sera procédé par les Intendants aux encheres de ces aliénations, & les contrats seront toujours stipulés devant eux.

9°. Les Communautés sont autorisées à emprunter les sommes nécessaires pour les affranchissements. Les Intendants des Provinces sont chargés de veiller à ce que lesdites Communautés soient libérées, au plus tard, dans le terme de dix années, de tout engagement qu'elles auroient contracté pour les affranchissements.

10°. Le Roi aliene une partie du revenu des tailles pour fournir un emploi sûr & prompt à ceux qui, au défaut d'autre, voudront placer les sommes qu'ils retireront du rachat des devoirs féodaux; & la rente en sera acquittée, à cet effet, sur le pied de trois & demi pour cent du capital. Sa Majesté accorde à ces rentes les privileges qui sont attribués aux deniers royaux ; elle ne se réserve que le pouvoir de les racheter, lorsque l'état de ses finances le lui permettra.

11°. Les gens de main-morte qui sont obligés de payer aux Seigneurs directs, de vingt ans en vingt ans, les lods d'indemnité, paieront dorénavant, à la fin de chaque année, la vingtieme partie de cette indemnité, afin de rejetter la charge sur les possesseurs des Bénéfices à mesure du temps où ils en jouissent, de sorte qu'au bout de vingt ans tout le lods d'indemnité soit payé (a).

Tels sont les motifs & les principales dispositions de la Loi bienfaisante & tutélaire qui m'a rappellé aux foyers paternels dont les exactions féodales m'avoient éloi-

***

(a) Je joins à la fin des Notes de la premiere Partie de ce Mémoire, la copie de cet Edit, pour la commodité de ceux qui seront curieux d'en méditer toutes les dispositions.

H 3

gné. J'y ai ramené le produit d'un travail que la liberté avoit fait prospérer dans une terre étrangere ; je l'ai employé à la culture des champs que j'ai acquis dans ma Patrie ; mes soins ont fructifié sous l'influence de la même liberté ; elle a triplé le revenu de mon domaine. Puisse l'exemple du Souverain à qui je dois ce bonheur, être imité en France, & répandre sur le travail des Laboureurs & des habitants des campagnes la même prospérité !

CHAPITRE TROISIEME.

Les droits féodaux sont peu utiles aux Propriétaires de ces droits.

ON a vû, par le préambule de cet Edit, que Charles-Emmanuel étoit convaincu que les devoirs féodaux, soit relativement à la personne, soit relativement aux fonds de terre, étoient, non-seulement nuisibles à l'émulation & à l'industrie, mais encore qu'ils n'étoient pas aussi utiles aux Propriétaires qu'ils se le persuadoient ; que ces devoirs leur étoient même onéreux, « soit par les » contestations inséparables des exactions » particulieres, soit par les difficultés & des » frais de rénovations, qui sont, d'ailleurs, » une source continuelle de procès, d'er- » reurs & d'abus. » Je ne puis me refuser d'entrer dans quelques détails à ce sujet. Si les Seigneurs vouloient se rendre un

H 4

compte exact du produit net des droits attachés à leurs Fiefs, de ce qu'il en coute
pour les percevoir, les conferver, les défendre & les renouveller, ils n'en feroient
pas fi jaloux : ils fe convaincroient qu'ils
leur font peu avantageux, & que le prix
qu'ils retireroient des affranchiffements,
leur feroit beaucoup plus profitable.

Cette efpece de propriété eft fujette à
des foins, des précautions & des dépenfes
confidérables. Il faut, pour les percevoir,
des Régiffeurs, des Fermiers, des Collecteurs, des rôles, &c. &c... S'agit-il de
les conferver ? il faut des Intendants, des
Prépofés qui veillent à l'adminiftration,
qui fuivent les mutations, &c. Les droits
font-ils conteftés ? il faut pour les défendre un Confeil, des Avocats, des Procureurs, des archives, des plans géomé-
triques, des Mémoires, des follicita-
tions, &c... Les Tribunaux retentiffent
tous les jours des difputes élevées à l'occafion de ces devoirs. La plupart des
procès ont leur racine dans la féoda-

(121)

lité (14) il arrive prefque toujours que
les parties, également ruinées par l'attaque
ou par la défenfe, ont dépenfé plus en
frais, que ne vaut le fonds de la con-
teftation. S'agit-il de devoirs perfonnels,
de corvées, de travaux corporels? ils font
toujours mal acquittés, fans profit pour
le Seigneur, & avec beaucoup de perte
de temps pour le débiteur. S'agit-il de
rénovations? il faut des reconnoiffances,
des lieux & des perfonnes, des Commif-
faires à terriers, des Procès-verbaux d'ar-
pentage, des aveux & dénombrements :
autre fource de dépenfes & de difficultés.
L'affemblée de la Haute-Guienne avoit
donc raifon d'obferver en 1780 , que
« les droits féodaux avoient mis des en-
» traves nuifibles à tout le monde, fans
» être avantageufes à perfonne. » (a)

    J'ajoute que, lorfqu'il s'agit de la réno-
vation, c'eft toujours le fort qui appelle
le foible à la confection des titres nou-

____

(a) Voyez ci-deffus ; Section feconde , Chap. I , page 29.

veaux. Les débiteurs d'une condition in-
fime ou peu élevée, ignorants ou peu inf-
truits, font toujours intimidés par l'appa-
reil de ces opérations, par la dignité, la
faveur ou l'opulence des Seigneurs, & par
l'afcendant que le temps & l'habitude leur
ont acquis fur-leurs Vaffaux. La plupart
de ceux-ci foufcrivent, fans connoiffance
de caufe, des devoirs dont les titres n'ont
été, ni difcutés, ni éclairés par le miniftere public, ni même repréfentés : forte
de clandeftinité qui a fait naître ou confirmer bien des droits qui n'auroient pu
fouffrir l'examen & la difcuffion.

Il réfulte de ces réflexions qui n'ont
pas échappé à la fageffe & à la fagacité
du Légiflateur de la Savoie, que les frais
occafionnés par les devoirs féodaux, en-
levent le quart de leur produit : ce quart
perdu pour le Propriétaire, n'eft pas moins
payé par le débiteur; il paffe dans les mains
des gens d'affaires, des gens en fous-ordre,
dont l'intérêt eft toujours d'étendre la perception pour augmenter leurs remifes, ou

dans les mains des praticiens plus redoutables encore par leurs chicanes & leur
voracité.

Si les Seigneurs affranchiſſoient les
fonds, ils ſe procureroient un revenu plus
conſidérable & d'une perception plus facile ; ils pourroient employer le prix de l'affranchiſſement en acquiſition de fonds de
terre, ou les placer dans les fonds publics.

Dans le premier cas, il eſt évident que
preſque tous les frais de la perception, de
la conſervation, de la rénovation diſpa-
roiſſent ; qu'au lieu de cette multitude de
droits & de débiteurs épars, tout ſe rédui-
roit à la meilleure culture des nouveaux
fonds acquis, plus de papiers terriers, plus
de Commiſſaires, plus de procès. Les Vaſſaux, dégagés envers leurs Seigneurs,
ceux-ci envers leurs ſuzerains, jouiroient
d'une propriété pléniere, s'il eſt permis
de ſe ſervir de ce terme : cette liberté
laiſſeroit entre les mains du Propriétaire tout le prix de ſon labeur, &
provoqueroit l'émulation & le travail.

D'ailleurs, qui ne voit pas que la glebe affranchie de la servitude réelle, croîtroit en valeur, parce qu'elle ne seroit plus chargée d'un sur-prix de franc-Fief, de lods & vente, &c.... au profit du Seigneur féodal, lors des mutations; que ces mutations seroient plus fréquentes, parce qu'elles entreroient avec moins de frais dans le commerce; que les mutations amenant de nouveaux possesseurs, l'amour de la nouvelle propriété inspire toujours le désir de l'amélioration au profit de l'Agriculture & de la valeur des fonds; que les richesses acquises annuellement par les arts & par le commerce, pouvant dorénavant s'échanger sans embarras & sans dépense contre des terres franches & libres, la concurrence en augmenteroit le prix au profit des Seigneurs qui auroient placé en fonds celui des affranchissements; avantage qui s'étendra sur leur postérité, parce que le nombre & l'étendue des fonds étant fixé, & l'accroissement des richesses pécuniaires ne l'étant pas, la concurrence,

dans l'échange de ces richeffes & des terres,
fera toujours en faveur des dernières. Il me
paroît donc vrai que, dans ce premier cas,
les Seigneurs feroient affurés d'un revenu
plus confidérable, d'une perception plus
facile, & que l'avenir leur promet une augmentation que leur propriété actuelle ne
leur préfente pas.

Dans le fecond cas, leur revenu fera encore plus confidérable & plus aifé à régir
& à percevoir.

Suppofons qu'un Propriétaire de Fief
retire de fes droits féodaux un revenu de
dix mille livres, & qu'il place fur les fonds
publics le prix qui lui fera payé pour l'affranchiffement de ces droits ; on peut préfumer, avec beaucoup de vraifemblance,
que le rachat s'opérera fur le pied du denier
trente. Le Propriétaire recevra 300,000
livres ; l'emploi de cette fomme dans les
fonds publics lui rapportera 15,000 livres
net, parce que, pour recevoir cette rente,
il n'a plus d'autre foin, d'autres frais que de
donner une ou deux quittances annuelle-

ment. Dans l'état actuel, au contraire, le Propriétaire ne reçoit que 10,000 livres, dont il faut fouftraire le quart pour les frais de perception, adminiſtration, &c. &c. reſte 7,500 liv. Son revenu, opéré par l'affranchiſſement, ſera donc à ſon ancien revenu comme 15,000 livres ſont à 7,500 livres ; c'eſt-à-dire, qu'il ſera doublé. Cette augmentation aura encore l'avantage de le décharger de tout ſoin & de tout embarras (a).

Les poſſeſſeurs de Fiefs ont donc un très-grand intérêt à concourir à l'affranchiſſement des fonds, & à ne pas écouter les anciens préjugés qu'on auroit pu leur

---

(a) On obſervera peut-être que le Propriétaire des droits féodaux ne pourra employer le prix de ſes affranchiſſements dans les fonds publics ſur le pied du denier vingt ; eh bien ! en ſuppoſant qu'il ne le placera qu'au denier vingt-cinq, ce qui effectivement eſt très-probable, ſi les finances de la Nation ſont régies avec économie, le Propriétaire qui, dans l'hypotheſe, reçoit actuellement 7,500 livres net, recevroit encore 12,000 livres ; ce qui tierceroit, & plus encore, ſon revenu actuel. Quand même il ne le placeroit qu'à trois pour cent, il auroit encore 9,000 livres net, au lieu de 7,500 livres.

inspirer à cet égard. Le rachat des devoirs
féodaux n'ôteroit rien à leurs prérogatives,
ni à leurs droits honorifiques : ils ne feroient pas moins respectables par leurs
titres, par leur nom & par leurs dignités. Je
plains ceux qui placeroient exclusivement
leur considération dans la possession de
droits aussi funestes à l'humanité ; ils feroient bien peu jaloux de celle que l'on
acquiert par l'amour de ses semblables, la
bienfaisance, le mérite personnel, les talents & la vertu.

Si on considere l'affranchissement des
devoirs féodaux, relativement aux débiteurs, c'est-à-dire, aux Laboureurs & aux
habitants des campagnes, je crois avoir
prouvé qu'il leur seroit très-profitable, &
que ce seroit le moyen le plus sûr d'ani-
mer le Commerce, les Arts & l'Agriculture, qui ne prosperent que par la liberté. Tout concourt donc à désirer que
la France se hâte d'opérer l'affranchissement des servitudes réelles. Les branches

de son industrie & de sa culture ne donneront des fruits abondants, que lorsqu'elles
s'éleveront sur les décombres de la féodalité (24).

CHAPITRE

CHAPITRE QUATRIEME.

*Autres avantages de l'affranchissement des
devoirs féodaux.*

Si vous admettez le peuple à l'affranchissement des fonds de terre, il en ré-
sultera une foule d'avantages : vous sou-
lagerez les Propriétaires, les Laboureurs
& les habitants des campagnes ; vous pro-
curerez à l'État un accroissement de revenu ; vous rendrez plus facile la réduction & même l'extinction de la dette nationale, dont les arrérages surchargent
aujourd'hui, comme je le ferai voir dans
la seconde Partie de ce Mémoire ; les Cultivateurs & tous les Collaborateurs de l'A-
griculture.

J'ai déjà fait remarquer qu'il ne falloit
pas ordonner, ni faire exécuter par aucune loi coactive, le rachat des devoirs

féodaux. L'opération trop prompte deviendroit impossible ; tout le numéraire du Royaume n'y suffiroit pas : elle ne peut se faire que graduellement, par une marche lente & proportionnée à la rentrée & à la reproduction des richesses pécuniaires ; ce ne peut être que l'ouvrage du temps. Il suffit que le Roi commence par permettre le rachat des devoirs féodaux dans ses Domaines ; qu'il laisse aux parties la liberté de traiter de l'affranchissement aux conditions qui leur conviendront, soit à deniers d'entrée, soit par la cession d'une partie du fonds, pour sauver le reste, à perpétuité, de toute redevance féodale.

C'est ainsi que l'on parviendra, successivement, à opérer l'affranchissement de la glebe, comme s'est opéré insensiblement l'affranchissement de la personne.

Le Roi a encore un moyen plus puissant d'accélérer & de multiplier les affranchissements qui portent en eux le germe d'une grande prospérité à venir, si on sait le développer.

Il est important de faire observer à ce sujet qu'il y a deux especes de Propriétaires des droits féodaux très-différentes; savoir, les Propriétaires laïques, & les Propriétaires ecclésiastiques. Cette nature de propriété, dans les mains des premiers, est, sans doute, très-onéreuse au peuple & à l'Agriculture; mais au moins ces propriétés sont commerçables; elles appartiennent à des peres de famille; elles contribuent aux charges de l'État : ces propriétés, dans la main des seconds, non moins onéreuses, ont encore le vice d'être inaliénables, d'appartenir à des usufruitiers, & de ne pas contribuer aux impôts publics, ou de n'y contribuer que dans une proportion très-inégale.

Les Corps, les Communautés, les gens de main-morte sont mineurs; par cela même, ils sont plus immédiatement sous le régime de l'administration & de l'œil vigilant du Magistrat. Si leur existence ou la maniere dont ils existent, est contraire au bonheur de la société, si elle affoiblit ou

détruit les rapports qui doivent subsister
entre toutes les classes de citoyens qui la
composent ; les Magistrats, chargés de
maintenir l'ordre, & de veiller à ce que
les intérêts particuliers ne nuisent pas à
l'intérêt de tous, seroient-ils blâmés de
présenter à l'autorité légitime les moyens
de rétablir ces rapports ? Qui n'applaudiroit
pas, au contraire, à leur zele & à leur pa-
triotisme, s'ils provoquoient une loi par
laquelle le peuple seroit admis à faire le
rachat de tous les devoirs féodaux appartenants aux gens de main-morte, sous des
conditions raisonnables, & fixées par le
Prince ? Car ce n'est plus le cas de laisser aux
parties la liberté de traiter de l'affranchissement aux conditions qu'ils jugeront à propos. Les propriétés ecclésiastiques ne sont,
pour la plupart, ni le prix du labeur & des
peines du Propriétaire, ni un bien hérédi-
taire, ni le prix d'un travail personnel ou paternel, ni le patrimoine des auteurs de ceux
qui les possedent. Nous n'avons plus affaire
à des peres de famille sur le sort desquels le

(133)

Gouvernement doit veiller avec plus de fol-
licitude, parce qu’ils ont des enfants, l’efpérance de la Nation ; parce qu’ils font
chargés de les entretenir, de les élever, de
les nourrir & de les former pour elle ; parce
qu’ils cultivent & qu’ils améliorent pour
la génération qui leur fuccédera. Il eft queftion de gens de main-morte, qui, n’ayant
pas de poftérité, ne préfentent pas des intérêts auffi chers. Il eft queftion d’ufufruitiers qui jouiffent, fans s’inquiéter du fort
de leurs fucceffeurs. Il eft queftion d’une
claffe d’individus qui ne préparent rien
pour l’avenir, parce qu’ils meurent tout
entiers, & qu’ils font nuls pour la génération future : leurs poffeffions doivent
être, par conféquent, plus particuliérement, plus directement régies & gouver-
nées par l’œil prévoyant de l’adminiftration
publique, & co-ordonnées par elle à l’intérêt général.

D’après ces principes, puifés dans la nature des chofes, feroit-il injufte que le
Prince permît le rachat de tous les devoirs

féodaux appartenants aux gens de main-
morte, & en fixât le prix & les conditions
de la maniere suivante ?

1º. Que l'affranchissement ne pourra se
faire qu'à deniers d'entrée seulement.

2º. Que le prix sera évalué sur un produit moyen de dix années, & qu'il sera
payé sur le pied du denier vingt de ce produit; c'est-à-dire, qu'un produit moyen de
mille livres sera rachetable par une somme
de vingt mille livres.

3º. Que les deniers d'entrée qui provien-
dront de l'affranchissement, seront versés
au Trésor-Royal, sous peine d'itératif paiement.

4º. Que le Roi assurera aux Propriétaires
Ecclésiastiques un intérêt net de trois ou
de trois & demi pour cent des sommes
versées à la Caisse publique : intérêt qui
compensera l'ancien revenu , déduction
faite des frais de régie , de collecte & de
casualité.

5º. Que les terres ainsi affranchies le
seront pour toujours , & ne pourront plus

être sujettes à aucuns droits, excepté aux
impositions royales.

6°. Qu'elles ne pourront plus être réunies à aucun Fief, encore qu'elles rentrent
dans la suite entre les mains de possesseurs
de *Fiefs* ecclésiastiques ou laïques, par
voie d'acquisition ou autrement.

Je ne sais si je me trompe; mais il me
semble qu'il résulteroit d'une pareille Loi
de très-grands avantages pour le peuple &
pour l'Etat.

Les Propriétaires Ecclésiastiques conti-
nueroient à avoir le même produit net;
cependant les terres devenues libres dans
les mains du possesseur, l'inviteroient à en
porter la culture au plus haut dégré, parce
qu'il ne seroit plus contraint de partager la
récolte avec le Seigneur féodal. Cette liberté entiere & absolue rendroit une plus
grande valeur aux terres, parce qu'elles
deviendroient réellement siennes, dégagées
de toute co-propriété, & que le pere de
famille laisseroit à ses descendants une possession franche, libre, dont le prix seroit

I 4

accru de tout le produit des droits féodaux dont elle seroit déchargée.

Le Propriétaire n'étant plus contribuable du devoir féodal, mais seulement des impositions royales, auroit une double facilité pour les acquitter promptement, & parce qu'il seroit affranchi de ce devoir, & parce que l'affranchissement lui auroit procuré le moyen de rendre la terre plus féconde.

La somme de tous les devoirs féodaux perçue aujourd'hui par les Ecclésiastiques, ne paie rien ou presque rien à l'Etat ; cette somme, rentrée dans les mains du peuple, contribueroit à l'impôt public en raison des autres propriétés.

Le versement au Trésor-Royal des fonds provenants des affranchissements, le tiendroit dans l'aisance, donneroit lieu au remboursement des deniers empruntés à plus haut prix, diminueroit la dépense publique, & procureroit successivement la possibilité de diminuer les impôts ; enfin le Trésor-Royal seroit plus aisé, & les Labouteurs, & les habitants des campagnes moins chargés.

Il y a encore un moyen très-efficace d'alléger leur fardeau ; c'est la suppression ou le rachat des dîmes ecclésiastiques.

On doit se rappeller qu'elles n'ont été établies que parce que l'Eglise n'avoit plus alors des revenus suffisants pour l'exercice de son culte & pour l'entretien de ses Temples & de ses Ministres. On doit se rappeller encore que la Nation, prévoyant tous les maux qui en résulteroient pour ses descendants, ne consentit à leur établissement qu'à condition qu'ils pourroient les racheter.

Les motifs qui ont donné lieu à cet impôt subsistent-ils encore ? l'Eglise n'a-t-elle pas aujourd'hui des revenus & des propriétés assez considérables, indépendamment des dîmes pour subvenir à ses besoins ? Personne n'élevera de doute à cet égard. Si elles ne sont plus nécessaires, si elles ne sont plus qu'une richesse ajoutée à une autre richesse, il faut en décharger le peuple cultivateur, que cette richesse additionnelle appauvrit.

Si les dîmes sont encore néceffaires, ce qui n'est pas préfumable, elles le font en totalité ou en partie; il faut décharger le peuple de toute la portion fuperflue, & lui permettre de faire le rachat de l'autre. Enfin, fi elles sont néceffaires en totalité, ce que l'on aura peine à prouver, il faut encore admettre le peuple à les racheter en entier, pour faire ceffer à l'avenir un impôt fi contraire à l'amélioration & aux progrès de l'Agriculture.

Le produit de l'affranchiffement fucceffif des dîmes, verfé encore au Tréfor-Royal, l'Etat en affureroit la rente au Clergé à trois ou trois & demi pour cent. Ce feroit une nouvelle reffource de finance, & un grand foulagement pour le Tréfor-Royal, qui rembourferoit une fomme plus confidérable de capitaux empruntés à un plus haut prix : ce feroit une nouvelle économie dans la dépenfe ; enfin un nouveau moyen de réduire, même d'étein-

(139)

dre la dette nationale, par conséquent de
diminuer les impôts & d'alléger le fardeau
du peuple.

Le rachat des droits féodaux, celui des
dîmes ecclésiastiques nécessaires à l'entretien du Clergé, & la suppression de celles
qui seront superflues, nous paroissent le
moyen le plus puissant qu'on puisse employer pour assurer les revenus de l'Etat,
& les poser sur des fondements solides &
durables. Il offre un grand soulagement
au peuple; il ouvre la voie à une répartition plus équitable, plus étendue &
mieux proportionnée, & présente une base
assez large pour suffire, dans toutes les
circonstances, aux accidents & aux non-
valeurs, (car en toutes choses, pour avoir
le nécessaire, il faut avoir le superflu.)
C'est faute d'avoir connu cette ressource
féconde, que les Ministres de vos Finances
ont marché, depuis un siècle, sur un plan
étroit & mobile, ramassant autour d'eux
de petits moyens, & ont étendu, à droite
& à gauche, leur main oppressive sur le

peuple, pour rétablir, de temps en temps, l'égalité; semblables à ces funambules qui portent leur balancier tantôt d'un côté, tantôt de l'autre, pour conserver l'équilibre.

Ne perdez jamais de vue cette importante vérité, que c'est le peuple qui, par ses consommations & ses travaux, fournit à l'Etat la plus grande partie de ses revenus; il faut donc lui en faciliter les moyens par toutes les voies possibles. « Ce ne font » pas les têtes qu'il faut compter, mais » plutôt les bras, difoit, il y a près de deux » fiecles, le Chancelier Bacon : cent mille » hommes qui gagnent fans dépenfer beau- » coup, ne chargent pas l'Etat comme font » cent familles de ces Grands qui dépenfent » fans travailler, & fur-tout fans payer » l'induftrie. *Trop de Nobleffe appauvrit* » *l'Etat, un Clergé nombreux le furcharge.* » Ces deux Corps dévorent la partie la » plus effentielle de tout l'Empire, c'est- » à-dire, le peuple, qui veille & travaille, » tandis que l'autre partie dort, digere &

» vaque, tout au plus, à la preſſante af-
» faire de ſes plaiſirs. »

Je vais paſſer à d'autres moyens ſubſi-
diaires, qui pourront être encore utile-
ment employés à améliorer la condition
des Laboureurs, des Journaliers, des-habi-
tants des campagnes, & celle de leurs
femmes & de leurs enfants.

Fin de la premiere Partie.

NOTES

SUR

LA PREMIERE PARTIE,

Servant de complément aux différents
Chapitres qui la compofent.

NOTES

SUR

LA PREMIERE PARTIE.

(Note 1.) IL paroît que le système féodal n'avoit pas pénétré en Angleterre avant la conquête de Guillaume. Ce Prince y établit alors les Loix féodales qui régnoient en France dans toute leur rigueur (a). Les Anglois devinrent serfs des François. Ceux-ci se plaisoient à les courber sous le plus dur esclavage (b). Cet état violent ne pou-

---

(a) Concessit Guillelmus I Legem Edwardi Confessoris cum quibusdam auctionibus in singulis observandam. Quæ igitur in cartá deprehenduntur Henrici I de suo addita & ad Legem Edwardi Confessoris minimè pertinentia. Orta videntur ratione juris feudalis quod Anglis primus imposuit Guillelmus Conquestor. (Spelman. de rebus Anglicis.).

(b) Illud dénique certum est Anglos penè omnes, etiam quos admisit primò, ejecit demùm Guillelmus Conquestor, vel in Normannorum clientelam, quam homagium vocant, subjugavit. Sic Edwinum suprà vides, & in libro censuali, vulgò Domesdei, quo describi fecit totam Angliam vix reperitur. Anglus quispiam à Rege tenens in capite, sed à Franco aliquo cui illud Rex concesserat dominium. (Spelman. Cod. Leg. veter. in Guillelm. I.)

I. Partie.   *A*

voit durer. Ce peuple généreux brisa enfin sa chaîne, & le premier donna l'exemple d'une énergie qui fut lentement imitée par les autres nations. Le peuple y jouit aujourd'hui d'une entiere liberté, sans qu'aucune loi positive en eût fait un devoir. Les *vilains* ne different presque plus des

---

Voyez aussi D. Martenne, Thes. Anecd. Tome III, p. 564, Chron. Sithieuse, cap. 29, part. 3, vous y trouverez la preuve de la dureté avec laquelle les Seigneurs féodaux traitoient leurs vassaux en Angleterre. *Iste Rodulfus.... genuit filium Rodulphum, hominem superbum, ferum & in suis prædonem, qui in terrâ suâ servitutem induxit, quæ Colvokerlia vocabatur, per quam populares adstrixit ut arma nullus nisi clavas deferret, & indè Colvokerli dicti sunt, quasi rustici cum clavâ, nam eorum vulgare Colve clavam, & Kerel rusticum sonat. Item servitutem aliam induxit, ut quilibet vir, mulier, puer, aut infans et denarium unum solveret in anno, in nuptiis quatuor, & in morte quatuor; & quisque advena per annum ibidem moraretur, eidem servituti subdebatur. Iste Rodulphus.... in torneamento Parisiis equo dejectus, à canibus laceratus est, cujus corpus in Sequanâ projectum nunquam potuit inveniri.*

Litleton nous apprend (Voyez ses Instit.) que, sous le régime féodal introduit par les François, les Anglois n'avoient plus de propriété pendant leur vie, pas même de leur personne. On les vendoit séparément de leurs cultures, ou leurs cultures sans eux. Leur servitude fut si complete, qu'un ancien Jurisconsulte les appelloit, *beast en parkes, piffons en fervors, oifeaux en cage.* Ne nous étonnons plus de la haine & de l'espece de rancune nationale que l'Angleterre conserve encore contre la France. Elle a porté long-temps les cicatrices des fers que la barbarie féodale lui a imposés par la main des François.

francs-tenanciers , qu'en ce qu'ils n'ont pas le droit de suffrages dans les élections. On les nomme *Copy-holders.*

(2) Il est vraisemblable qu'il y a eu deux servitudes différentes ; savoir, la servitude domestique & la servitude à la glebe. La premiere est celle qui étoit établie chez les Romains , & qui étoit en usage lorsque les Francs conquirent les Gaules : les esclaves appartenoient plus particuliérement à leurs maîtres ; ils les achetoient, les échangeoient & les déplaçoient à leur volonté ; c'étoit, pour ainsi dire, un mobilier dont ils disposoient comme bon leur sembloit. La seconde , introduite par le système féodal, differe de la premiere, en ce que les serfs devinrent une propriété, non-seulement du maître, mais de la glebe à laquelle ils étoient affectés, *addicti glebæ :* la glebe pouvoit changer de propriétaire ; mais les serfs restoient à la glebe. Cette seconde servitude avoit contracté, s'il est permis de s'exprimer ainsi, le caractere d'immeuble.

Lorsque les Seigneurs vendoient leurs Fiefs, ou que les Fiefs passoient en d'autres mains, par partage ou succession, les serfs qui y étoient attachés, les suivoient, dans tous les cas, comme partie inhérente & inséparable des Fiefs. Je ne connois pas d'exemple, depuis l'établissement de la féo-

dalité , d'aucune vente ou mutation de ſerfs ſans
la glebe , ni de la glebe ſans les ſerfs. Ceux-ci
étoient, pour ainſi dire , inféodés. (*Voyez la note 8,
à l'appui de celle-ci.*)

(3) Les Grands , aſſemblés à Andely , pour
traiter de la paix entre Gontran & Childebert ,
forcerent ces Princes à renoncer au droit de reprendre les Bénéfices qu'ils avoient conférés , ou
qu'ils conféreroient à l'avenir aux Egliſes & aux
*Leudes. Quidquid antefati Reges Eccleſiis aut fide-
libus ſuis contulerunt , aut adhuc conferre cum juſ-
titiâ , Deo propitiante , voluerint , ſtabiliter con-
ſervetur.* (Greg. Turon. Lib. 9 , Cap. 20.)

Il eſt vrai qu'on ne peut pas conclure rigoureuſement de ces expreſſions , que les Bénéfices
furent alors rendus héréditaires , mais ſeule-
ment que les Rois renoncerent au droit d'en dépouiller les titulaires pendant leur vie. La queſ-
tion fut décidée irrévocablement dans la célebre
Aſſemblée des Evêques & des *Leudes ,* tenue à
Paris en 615, après la mort de la Reine Brune-
haud. Cette Loi aſſura l'hérédité des Bénéfices à
ceux qui en étoient revêtus. Elle fut tellement
reconnue , que , 45 'ans après l'Aſſemblée de
Paris , Marculfe , Ecrivain contemporain , en fait
une clauſe particuliere dans un acte de donation
de Bénéfice. Voici ſes termes : *Ita ut villam jure*

(5)

*proprietario ullius expeĉatâ judicum traditione ha-
beat atque poſſideat, & ſuis poſleris, Domino ad-
juvante, ex noſtrâ largitate, aut cui voluerit ad
poſſidendum relinquat.* (Voyez Formul. 14,
Lib. 1.)

Le préjugé avoit attaché aux poſſeſſeurs des
Bénéfices cédés par le Roi à perpétuité, des
diſtinctions & des prérogatives dont les autres
Propriétaires ne jouiſſoient pas. Ce qui donna
lieu à un uſage bizarre & ſingulier, dont
on trouve pluſieurs exemples en ce temps-là.
Ceux-ci imaginerent, pour partager les mêmes
honneurs dans l'opinion publique, de convertir
leurs propres en Bénéfices. Ils donnoient leurs
biens au Roi, qui les leur rendoit enſuite à perpétuité, à titre de Bénéfices, recevoit leur ſer-
ment de fidélité, & les admettoit au nombre de
ſes *Leudes.*

Marculfe nous a conſervé la formule de cette
inveſtiture ſinguliere. La voici : *Veniens ille fidelis
noſter ibi in palatio noſtro, in noſtrâ vel procerum
noſtrorum præſentiâ, villas nuncupatas illas, ſitas
in pago illo ſuâ ſpontaneâ voluntate nobis per feſ-
tucam viſus eſt werpiſſe vel condonaſſe, in eâ
ratione, ſi itâ convenit, ut dum vixerit, ſub noſtro
beneficio debeat poſſidere, & poſt ſuum diſceſſum,
ſicut adfuit petitio, nos ipſas villas fideli noſtro*

A 3

illi *plenâ gratiâ viſi fuimus conceſſiſſe.* Quaprop-
tcr per *præſens decernimus quod* perpetualiter *man-
ſurum jubemus ,* ut dummodò illius *decrevit voluntas ,* quod ipſas *villas in ſupradiĉtis locis ,* nobis
voluntario ordine viſus eſt *læſowerpiſſe vel condo-
naſſè ,* & nos prædiĉto viro *illi* ex noſtro munere
largitatis , *ſicut* ipſius *illius* decreverit voluntas ,
conceſſimus ... dum advixerit abſque aliquâ diminu-
tione , de quâlibet re uſufruĉtuario ordine debeat poſſidere ; & poſt ejus diſceſſum memoratus *ille* habeat , teneat & poſſideat , & ſuis poſteris aut cui
voluerit *ad poſſidendum relinquat.* (Marculfe ,
Lib. 1 , Formul. 13.)

(4) Les Seigneuries ſont beaucoup antérieures
aux Fiefs. On doit en chercher l'origine dans l'ambition des *Leudes ,* des *fideles* & des Grands attachés à la Cour. Les deſcendants de Clovis voulurent étendre leur autorité & atténuer la démo-
cratie militaire , qui étoit le caraĉtere diſtinĉtif du
premier gouvernement des Francs. Les Loix ſaliques
& ripuaires, & les Ordonnances des premiers Rois
Mérovingiens n'étoient pas même intitulées du
nom du Prince. Ce ne fut qu'après que ces Rois
s'abſtinrent de convoquer les Aſſemblées du
Champ de Mars , & s'arrogerent le droit de faire
des Loix ſans le concert de la Nation , qu'ils
mirent leur nom à la tête de leurs Ordonnances.

(7)

Le premier exemple qu'on puisse en citer est sous Childebert en 595. Cette nouveauté étoit une suite des progrès que l'autorité royale avoit faits depuis Clovis.

Les Grands imiterent cette politique dans les Domaines qu'ils tenoient de la libéralité du Prince. Les plus puissants affecterent une sorte de suprématie. Ils exercerent la justice, confiée originairement aux Officiers du Roi. Ils forcerent les plus foibles à relever de leurs jugements, & à reconnoître leurs décisions comme des Loix. C'est là le premier germe des justices seigneuriales.

Nous allons essayer d'établir la différence qu'on doit mettre entre les Bénéfices, les Seigneuries & les Fiefs.

Les Bénéfices étoient, sous les Rois de la premiere race, des terres qu'ils détachoient, pour un temps, de leur fisc, & dont ils accordoient l'usufruit à leurs Leudes. Ces bénéfices n'imposoient aucune obligation que le serment de fidélité ; mais aussi ils ne donnoient aucun pouvoir aux Bénéficiaires. Ceux-ci n'exerçoient aucune autorité, & n'avoient aucun pouvoir, civil ou militaire, sur les habitants de ces Domaines. Ces habitants étoient jugés, en temps de paix, & commandés, en temps de guerre, par les Ducs

& les Comtes ou Gouverneurs dans le reſſort deſquels ils étoient compris.

Les fils de Clovis, comme nous l'avons remarqué ci-deſſus, convoquerent plus rarement les aſſemblées du Champ de Mars, qui reſtreignoient leur autorité; ils s'abſtinrent enſuite de tenir les grands jours pour augmenter leur puiſſance; ils jugeoient ſouverainement toutes les affaires publiques avec le ſeul conſeil de leurs *Leudes* ou *fideles*. Ceux-ci imitant dans leurs bénéfices la conduite du Prince, ſe firent les arbitres & enſuite les juges de toutes les cauſes dont les Ducs & les Comtes furent inſenſiblement dépouillés. Cependant ces bénéfices furent encore amovibles juſqu'à l'Aſſemblée de Paris qui les déclara héréditaires en 615. Ils devinrent alors des Seigneuries ou des Propriétés Seigneuriales dans les familles qui en étoient alors revêtuies, par deux raiſons : la premiere, parce que ces Domaines n'étoient plus dans leurs mains une jouiſſance précaire, mais une poſſeſſion à perpétuité; la ſeconde, parce que l'uſage qui étoit devenu une eſpece de preſcription, y avoit attaché depuis long-temps l'exercice de la juſtice; mais ces Seigneuries n'étoient pas encore des Fiefs chargés d'un ſervice militaire particulier aſſigné à chaque Domaine. On ne trouve aucune trace de vaſſalité, ni de fyftême féodal avant la Régence de Charles Martel.

Ce Prince créa de nouveaux Bénéfices, mais d'une nature toute différente. « C'eft ce qu'on » appella depuis des fiefs, dit M. l'Abbé de » Mably, c'eft-à-dire, des dons faits à la charge » de rendre au bienfaiteur des fervices militaires » & domeftiques ; par cette politique adroite, il » s'acquit un empire plus ferme fur fes Béné- » ficiers.... qui furent appellés du nom de Vaf- » faux, qui fignifioit alors & qui fignifia encore » long-temps des officiers domeftiques. » (*Voyez obferv. fur l'Hift. de Fr. tome I.*)

Charles Martel s'accoutuma à regarder fes Vaffaux ou Capitaines comme le corps entier de la Nation ; & lorfqu'en mourant il voulut partager fon Empire, il n'appella qu'eux pour être témoins & garants de ce partage. Cependant le mot *Fief* par lequel nous défignons aujourd'hui ces nouveaux bénéfices, ne fut généralement adopté que vers le temps de Charles le Simple, fi l'on en croit M. du Cange. (*Voyez fon Gloffaire au mot Feudum.*)

Les Grands, qui ont toujours eu, fur-tout en France, la vanité d'imiter le Prince, créerent des bénéfices dans leurs Domaines, & fe firent des Vaffaux à l'exemple de Charles Martel : ils

s'attacherent, par ce lien, toute la petite Nobleffe. Les devoirs des Vaffaux des Seigneurs ou
arrieres-Vaffaux de la Couronne, étoient de remplir des offices dans leur maifon, de les accom-
pagner à la guerre, de les fervir dans leurs
querelles particulieres & de leur faire cortege.

On trouve le premier exemple de cette vaffalité
envers les Seigneurs, dans un Capitulaire de Pépin
en 757, art. 6, où on lit : *Homo francus accepit be-
neficium à feniore fuo, & duxit fecum fuum vaffal-
lum, &c.*

Les Seigneurs laïques, les Evêques & les Abbés
multiplierent fucceffivement ces conceffions dans
leurs Domaines, avec les charges dont nous avons
parlé : delà, l'origine de la vaffalité & de la féodalité.

Mais il n'y avoit pas encore de Gouvernement
féodal proprement dit : c'eft feulement fous le
regne de Charles le Chauve & de fes fucceffeurs
qu'on voit s'élever cette efpece d'ariftocratie qui
établit un nouvel ordre de chofes chez les François, & un nouveau droit public, tout différent
de celui qui avoit exifté jufqu'alors.

On doit en chercher la caufe dans la foibleffe
de ce Prince, qui confentit à rendre non-feulement les Bénéfices créés par Charles Martel, mais
encore tous les Comtés, héréditaires. Les Comtes

qui avoient déja commencé à conférer tous les Bénéfices royaux dans leur reffort, s'étant fait beaucoup d'amis & de créatures, devinrent alors affez puiffants pour fe rendre indépendants du Roi. Ils ne reconnurent plus fes Ordonnances, ni fes Envoyés, rendirent leurs juftices fouveraines, & ne permirent plus qu'on appellât de leurs jugements à la juftice du Roi. Les Seigneurs particuliers, à l'imitation des Comtes, s'attribuerent dans leurs terres prefque tous les droits régaliens.

Cependant il refta un fimulacre de l'ancienne fubordination dans la Foi & Hommage que les Comtes refuferent d'autant moins de prêter aux princes Carlovingiens qui continuerent à porter le vain titre de Roi, qu'ils étoient déja affez puiffants pour ne pas fe croire obligés par leur ferment, ou pour le violer impunément. Les Seigneurs particuliers rendirent auffi de leur côté Foi & Hommage à leurs Comtes, lorfqu'ils n'étoient pas affez forts pour s'en exempter : car plufieurs d'entre eux eurent affez de pouvoir ou de bonheur pour ne reconnoître aucune fupériorité. Ceux-là prétendirent ne relever que *de Dieu & de leur épée;* leurs Domaines reftefent des principautés indépendantes fous le noms d'*Alleuds* ou de terres *allodiales.*

C'eſt la Foi & Hommage, ainſi donnés & reçus par les Comtes & les Seigneurs à la charge d'un ſervice militaire & domeſtique, qui conſtituerent la *ſuzeraineté* & le gouvernement féodal ; & l'on appella depuis *Fief* une poſſeſſion en vertu de laquelle on y étoit tenu.

Nous croyons que telle eſt l'idée qu'on doit ſe former des Bénéfices, des Seigneuries & des Fiefs, qui contracterent un caractere différent, ſuivant les différentes révolutions qui changerent le gouvernement civil & militaire des François ſous les Rois de la premiere & de la ſeconde race. (*Voyez à ce ſujet les Obſervations de M. l'Abbé de Mably, ſur l'Hiſtoire de France, Tome I.*)

Cependant ſi l'on doit entendre par le mot de Fief ce qui fait l'eſſence de la choſe & la conſtitue, ſavoir, la conceſſion des terres ſous la charge du ſervice militaire, il eſt certain que les Fiefs remontent à un temps très-éloigné, c'eſt-à-dire, plus de 500 ans avant l'Ere chrétienne : l'Hiſtoire de Cyrus par Xénophon en fait foi ; on y trouve la premiere inſtitution des Fiefs : on peut même en faire remonter l'origine à une époque beaucoup plus reculée. Si nous en croyons le Pere du Halde, cet ordre féodal exiſtoit à la Chine deux mille quatre cents ans avant notre Ere. Il y fit les mêmes ravages que dans les Gaules,

(13)

& les Monarques de ce vaste Empire ne purent rétablir leurs droits de souveraineté sur leurs Vassaux, que par l'extinction totale du Gouvernement féodal. Car c'est le propre de ce système, remarque un judicieux Auteur, de ne donner des rivaux aux Rois, que pour leur donner des maîtres, & des tyrans aux peuples.

Il est très-probable que cette forme politique s'étendit de l'Orient dans le Nord, par la Tartarie, qui la conserve encore aujourd'hui ; delà dans la Russie, la Suede, le Danemarck, la Pologne, l'Allemagne, l'Angleterre & la France, & qu'elle donna naissance aux premiers Codes féodaux qui ont été successivement adoptés par toutes les Nations de l'Europe, avec des nuances peu sensibles & seulement relatives aux différents caractères de ces peuples, à mesure qu'ils sortirent de la barbarie où ils étoient plongés; car on ne peut pas se dissimuler que la féodalité, constitution terrible, qui donna des fers à toute l'Europe, fut cependant le premier dégré de civilisation & de législation de la plupart des peuples du Nord.

(5) On peut fixer l'origine de vos Loix coutumieres dans l'intervalle qui s'écoula depuis le dernier Capitulaire de Charles le Simple, en 921, jusqu'à l'Ordonnance de Philippe-Auguste,

datée de 1190. C'eſt la premiere qu'on puiſſe regarder comme un acte de légiſlation qui s'étendît
à toutes les provinces du Royaume. Il n'y eut
pas d'aſſemblée générale ou nationale dans tout
ce période. Les Rois n'avoient preſque plus d'autorité ; les grands Barons , qui s'étoient rendus indépendants, s'emparerent de la puiſſance
légiſlative dans leurs Domaines , & y établirent
les Coutumes qui les régiſſent aujourd'hui. (*Voyez
Tome II , page* 371 *de l'Introduction à l'Hiſtoire
de Charles-Quint , par Robertſon , in-12. Paris ,*
1771.)

(6) En voici une qui eſt relative à la Pologne. « Boleſlas , fils de Miciſlaw , monta ſur
» le trône à la mort de ſon pere (en 1001.)
» Il s'efforça d'affermir & d'agrandir ſa Nation ,
» & de la gouverner avec modération & avec équité.
» Mais le Clergé catholique enſeignant aux fideles
» qu'ils devoient, ſous peine de l'excommunica-
» tion & de la damnation éternelle, avoir une
» obéiſſance paſſive pour tout ce qu'on leur preſ-
» crivoit, abandonner aux Prêtres la plupart de
» leurs biens, ſe ſoumettre ſans réſiſtance aux
» ordres même injuſtes & déraiſonnables de leurs
» maîtres , renoncer à toutes les franchiſes &
» privileges en faveur de leurs chefs & des pro-
» priétaires des Fiefs dont pluſieurs étoient déja

(15)

» des gens d'Eglise, le bas peuple de Pologne
» tomba peu à peu dans la servitude ; les Pa-
» latins usurperent dans ce moment les droits les
» plus odieux. » (*Voy. l'Hist. des Gouv. du Nord,
Tome 5, page 220 & 221.*)

« Sous l'administration de la Reine Richsa,
» veuve de Micislaw, on avoit abusé des ordres
» du pouvoir souverain pour commettre toutes
» sortes de rapines & de pillages. Après son dé-
» part (arrivé en 1041) on ne rechercha pas
» même ce prétexte. Les plus redoutables & les
» plus puissants des Polonois ne connurent point
» d'autre juge que leur épée. Les Palatins & les
» Propriétaires des Fiefs exercerent, dès ce mo-
» ment, la tyrannie la plus odieuse dans toute l'é-
» tendue du Royaume. Le Clergé, pour s'assurer
» la possession des grands biens qu'il avoit usurpés,
» adopta tous les plans de la Noblesse, & ne
» négligea rien pour enlever au peuple tous ses
» droits, & se rendre indépendants. » (*Ibid. page*
233.)

« Casimir, (fils de Micislaw & de Richsa)
» délivré de tous ses ennemis au dehors, tra-
» vailla à la réforme de ses Sujets ; mais en
» même-temps il resserra les chaînes que le
» Clergé leur avoit imposées... Il accorda de nou-
» veaux droits & de nouveaux privileges au

» Clergé, & par la médiation des Prêtres , à
» plusieurs Seigneurs. Ainsi les Nobles & le Clergé
» acquirent par l'intrigue, & acheterent avec de
» l'argent ce qu'ils n'avoient pas pu obtenir au-
» paravant par la force & par la violence. »

« Le pieux Casimir étoit disposé à favoriser
» les maisons Religieuses ; le Clergé lui arracha
» plusieurs concessions, que ce Monarque n'avoit
» pas droit d'accorder, & que les Prêtres ne
» pouvoient pas accepter. Les fideles devinrent
» des esclaves.... » (*Ibid. page* 240.)

Casimir le Grand tendit une main secou-
rable au peuple. « Quand les habitants de la
» campagne, qu'il aimoit, venoient se plaindre
» à lui des vexations de leurs maîtres, il leur
» disoit toujours : *Vous n'avez donc, ni pierres,*
» *ni bâtons pour vous défendre ?* Il leur appre-
» noit par-là qu'on exerçoit sur eux un pouvoir
» usurpé, & qu'ils ne devoient pas le souffrir. »
(*Ibid. page* 313.)

Il les protégea contre l'oppression des Propriétaires des Fiefs, & fit un grand nombre de réglements en leur faveur. « A la vue de tant de
» Loix sages, en faveur de la partie opprimée
» de la Nation, dit le même Auteur, l'insolente
» & stupide Noblesse donna à Casimir le titre
» de

» de *Roi des Payfans* ; furnom préférable, ajoute-
» t-il judicieufement, à tous ceux que la flatterie
» accorde aux Princes. » (*Ibid. page* 314.) (*Voyez*
auffi le Chapitre VI du Tome II de l'Etat civil
des perfonnes & de la condition des terres dans
les Gaules , &c.)

Voici une autre preuve relativement à la Pruffe
& à la Courlande.

« Les Chevaliers Teutoniques , qui en furent
» les premiers Apôtres , leur firent embraffer à
» coup de fabre , une Religion fainte qui ne prêche
» que la douceur & la juftice ; en même-temps
» ils les dépouillerent des droits inaliénables de
» l'homme , & les foumirent à l'efclavage féodal. »
(*Voyez ibid. même Chapitre VI , page* 50 , *& la*
note tirée du fixieme Difcours fur l'Hiftoire Ecclé-
fiaftique , nombre 13 *, de l'Abbé Fleury.*)

Les Conquérants de l'Amérique font une nouvelle preuve de cette vérité. Les Efpagnols , trop
peu nombreux pour foumettre les habitants de
ce vafte Pays, & ne pouvant efpérer de les convertir à la Foi catholique, prirent le parti extrême de les exterminer : chacun fait que cette
riche Contrée n'a été conquife qu'au profit des
Moines & du Clergé. C'eft là en effet que regne
encore dans toute fa rigueur, le defpotifme féodal & facerdotal.

I. Partie.　　　　　　　　　　　　　B

(7) Si quelqu'étranger venoit habiter dans le Fief d'un Baron, il étoit obligé, au bout d'un an & un jour, de se reconnoître le Vassal du Baron dans le Territoire duquel il s'étoit fixé. S'il négligeoit cette formalité, il étoit sujet à une amende; & s'il mouroit sans laisser un certain legs au Seigneur du lieu, tous ses biens étoient confisqués.

Les habitants des Provinces maritimes de France, opprimés par l'invasion des Normands, se retirerent dans les Provinces intérieures. Leur infortune ne les sauva pas de l'esclavage dans les Pays où ils se refugierent; ils y devinrent les hommes du Fief; il fallut le concours de la Puissance civile & ecclésiastique pour abolir ce barbare usage. (*Voyez Potgiesserus, de Statu servorum, Liber I, Cap. 1, §. 16.*)

(8) Il y avoit en France, depuis la conquête des Francs, jusqu'au rétablissement de l'autorité royale, long-temps éclipsée par le système féodal, quatre classes différentes de personnes, savoir, les Nobles, les hommes libres, les vilains & les serfs.

Les Romains & les Francs, plusieurs siecles après la conquête, traitoient humainement les esclaves, & en faisoient un meilleur usage. Loin d'appesantir leurs chaînes & d'éteindre leur émulation par la privation de toute propriété, ils l'a-

nimoient de tout leur pouvoir; ils favorisoient
la population de cette claffe d'hommes, par tous
les moyens qui pouvoient adoucir leur fervitude;
ils les uniffoient par des mariages, fe chargeoient
de la nourriture & de l'éducation de leurs enfants; chaque efclave avoit fon pécule qu'il avoit
la liberté de faire valoir fous certaines conditions.
L'un s'adonnoit au trafic, l'autre à quelqu'art
méchanique; celui-ci affermoit & exploitoit des
terres; tous s'appliquoient à tirer parti de leur
induftrie qui leur procuroit des douceurs, & les
confoloit de la fervitude. Ces efclaves, devenus
plus aifés par leur travail, achetoient leur liberté,
& devenoient citoyens. La fociété admettoit dans
fon fein ces nouvelles familles qui réparoient la
perte des anciennes à mefure qu'elles fe détrui-
foient.

Il n'en étoit pas de même en France, depuis
l'établiffement du Gouvernement féodal; je vais
en donner la preuve, en raffemblant les dures
conditions impofées aux ferfs par les inftitutions
féodales.

Les maîtres avoient une autorité abfolue fur
la perfonne de leurs ferfs; ils avoient même le
pouvoir de les punir de mort fans l'intervention
d'aucun Juge; ils en jouirent jufque dans le
douzieme fiecle.

Le livre rouge de la Chambre des Comptes de Paris, cité par D. Carpentier au mot *villani*, porte : « Vous savez que la Couſtume de Hainault » eſt que qui tue un vilain, puiſque il eſt Che- » valier, ou fils de Chevalier deſſoubs XXVI ans, » il eſt quietes pour XXVI blancs; ce ſont trente » tournois. »

Les Nobles du Danemarck pouvoient tuer un Payſan ou un Bourgeois, en mettant un écu ſur le cadavre. Frédéric III, pour abolir ce privilége, contre lequel il faiſoit en vain des efforts, ordonna qu'un Payſan qui tueroit un Noble, n'en mettroit que deux.

Il ſurvint enſuite une époque où l'on échap- poit au ſupplice, après avoir tué une piece de gibier, en proteſtant que l'on vouloit tuer un ſerf. (*Voyez l'Eſprit des uſages & des coutumes des différents peuples, Livre VIII, Chapitre IV.*)

Il étoit permis d'appliquer les ſerfs à la tor- ture pour les fautes les plus légeres.

Il n'étoit pas permis aux eſclaves, dans les premiers temps de la féodalité, de ſe marier. Les deux ſexes pouvoient ſe mêler enſemble, & même on les y invitoit; mais cette union n'étoit pas réputée mariage; elle étoit appellée *contubernium* & non *nuptiæ* ou *matrimonium*. Cette portion du peuple étoit ſi avilie, que les ſerfs qui vivoient

comme mari & femme, n'étoient unis par aucune cérémonie religieufe, & ne recevoient la
bénédiction nuptiale par aucun Prêtre.

Lorfqu'on confidéra enfuite l'union des ferfs
comme mariage légal, il ne leur fut pas permis
de s'unir fans le confentement exprès de leur
maître. Ceux qui ofoient s'en difpenfer étoient
punis très-févérement, quelquefois même de
mort.

Tous les enfants des ferfs reftoient dans la
condition de leurs peres, & appartenoient en propriété à leurs maîtres. Les efclaves ne pouvoient
exiger d'eux que la fubfiftance & le vêtement;
tout le profit de leur travail leur appartenoit; &
fi le maître, par une faveur finguliere, donnoit
à quelqu'un de fes efclaves un pécule, ou lui af-
fignoit une fomme fixe pour fa fubfiftance; il
n'avoit pas même la propriété de ce qu'il avoit
épargné; il ne pouvoit difpofer d'aucuns effets
par teftament.

La longue chevelure étoit une marque de dignité & de liberté. Les efclaves étoient obligés
de fe rafer la tête, pour leur rappeller à chaque
inftant le fentiment de la fervitude.

Ils ne pouvoient pas être admis en témoignage
contre un homme libre.

Les *vilains* étoient une autre claffe de ferfs

(22)

plus favorifés ; ils étoient auffi attachés à la glebe
ou à une métairie. Le mot *villa* leur a donné le
nom de *vilains :* ils différoient des autres efclaves en ce qu'ils payoient à leurs maîtres une
rente fixe pour la terre qu'ils cultivoient : lorfqu'ils avoient payé cette rente, tous les fruits
leur appartenoient en propriété : cette diftinction
eft établie par Pierre de Fontaines, & par Join-
ville. (*Vie de faint Louis, page* 119, *Edition
de Ducange.*) Muratori rapporte plufieurs cas,
qui furent décidés conformément à ce principe.
(*Antiquit. Ital. page* 773.)

Les hommes libres, attachés à l'Agriculture,
font diftingués par différents noms que leur
donnent les écrivains du moyen âge ; tels que
arimanni, conditionales, originarii, tributales.

M. Robertfon préfume dans fon Introduction
à l'Hiftoire de Charles-Quint (*Tome II*) que ces
hommes libres attachés à la glebe, poffédoient
quelque bien en Franc-Alleu, & cultivoient en
outre quelque ferme appartenante à des voifins
plus riches & pour laquelle ils payoient un revenu
fixe, en s'obligeant en même-temps à faire plufieurs petits fervices, *in prato, vel in meffe, in
araturâ, vel in vineâ.*

Je trouve que les noms qu'on leur a donnés
appuient cette conjecture. Le mot *arimanni* vient

(23)

probablement de *arare* & de *manu*, ou de *ager*, *agri* & de *manu* ; ce qui fignifie homme de labour ou homme du champ. *Conditionales*, ce mot peut figni-fier que ces hommes libres s'engageoient cependant fous certaines *conditions*, à cultiver le champ d'au-trui, avec des charges ou fervices particuliers, tels que font aujourd'hui nos Fermiers. *Originarii*, on entendoit fans doute par ce mot les habitants *ori-ginaires*, les defcendants des Romains qui avoient été foumis par les Francs, mais qui n'avoient pas été réduits en fervitude, comme je l'ai remarqué. *Tributales*, ces hommes libres n'étoient pas tri-butaires, ils avoient le droit au contraire d'im-pofer des *tributs* fur leurs ferfs : fans cela on les auroit appellés *tributarii* ; ou fi l'on donne au mot *tributales* la même fignification qu'au mot *tributarii*, ils portoient cette dénomination pour les diftinguer des cenfitaires *cenfitarii*, dénomi-nation plus particuliérement affignée aux efclaves; cette explication me paroît vraifemblable.

Quoi qu'il en foit, ils étoient réputés hommes libres, jouiffoient de tous les privileges attachés à cette condition, & même on les appelloit pour fervir à la guerre; honneur auquel un efclave ne pouvoit prétendre. (*Voyez Muratori*, *Antiq. Ital.* *Vol. I*, *page* 743, & *Vol. II*, *page* 446. *Voyez* *Joach. Potgiefferus*, *de Statu fervorum.*)

B 4

(24)

Cependant ces différences dans les diverses claſſes des perſonnes, ne ſubſiſterent plus parmi les habitants des campagnes, après l'établiſſement du ſyſtême féodal ; car dès le commencement de la troiſieme race, on ne trouve plus, comme je l'ai obſervé, que des Seigneurs & des ſerfs.

(9) Les Rois, ſous ce regne & les ſuivants, envoyerent des Commiſſaires dans les Provinces pour éclairer la conduite des Ducs & des Comtes ; ils créerent dans leurs Domaines, des Baillis qui, par l'attribution des cas royaux, devinrent les ſeuls Juges d'un grand nombre d'affaires, à l'excluſion des Seigneurs particuliers. Ils obligerent enſuite ceux-ci de céder l'exercice de leurs juſtices à leurs Officiers : les appels de ces Juges devant les Juges royaux, acheverent de détruire la trop grande autorité des juſtices ſeigneuriales. « Auſſi, dit Loiſeau, ce droit de reſſort de juſtice » eſt-il le plus fort lien qui ſoit pour maintenir la » ſouveraineté. » (*Voyez Hiſt. chronol. du Préſident Hainault, regne de Louis le Gros.*)

Cependant le droit de juſtice attaché aux Fiefs, ſera toujours un fléau accablant pour l'habitant des Campagnes, ſans ceſſe expoſé à la voracité des Praticiens, nommés par les Seigneurs pour rendre la juſtice dans l'étendue de leurs Domaines. « Ces mangeurs & ſang-ſues de Vil-

(25)

» lage, dit le Jurifconfulte que nous venons de
» citer, favent *alonger pratique*; mais voici le
» comble du mal, c'eft que non-feulement la
» juftice eft longue & de grand cout au village,
» mais, fur-tout, elle y eft très-mauvaife, & ce
» pour trois raifons principales.

» La premiere, parce qu'elle eft rendue par des
» gens de peu de bonne foi, fans honneur, fans
» confcience; gens qui, dès leur jeuneffe,
» n'ayant appris à travailler, ont fait état de vivre
» aux dépens de la mifere d'autrui; ou qui,
» ayant confommé leurs moyens, tâchent à fe
» recourre fur leurs voifins, par la chicanerie qu'ils
» ont apprife en la plaidant : gens accoutumés à
» vivre en débauche aux Tavernes, où ils s'habi-
» tuent à faire toutes fortes de marchés : gens qui
» s'allient enfemble pour les Villages & les Mar-
» chés, & changent tous les jours de perfonnage;
» parce que celui qui eft aujourd'hui Juge en un
» Village eft demain Greffier, & après-demain
» Procureur de Seigneurie en un autre, puis
» Sergent en un autre, & encore en un autre,
» il poftule pour les Parties : & ainfi, vivant
» enfemble & s'entr'aidant, ils fe renvoient la
» pelote, ou, pour mieux dire, la bourfe l'un
» à l'autre, comme larrons en foire. »

» Secondement, quand ils feroient gens de

» bien , (ce qui arrive très-rarement) ce sont
» gens non-lettrés , ni expérimentés, qui , sous
» prétexte d'un peu de routine qu'ils ont appris
» étant records de Sergents, ou Clercs de Procu-
» reurs, accommodent ce qu'ils savent à toute
» caufe, *docti cupreffum fimulare*, & inftruifent
» fi mal les procès , que bien fouvent, après qu'ils
» ont traîné un an ou deux devant eux, quand
» ils font dévolus , par appel, devant un Juge
» capable, il eft contraint de recommencer l'inf-
» truction.

» En troifieme lieu, la juftice des Villages ne peut
» qu'elle ne foit mauvaife , parce que ces petits Ju-
» ges dépendent entièrement du pouvoir de leur
» Gentilhomme, qui les peut deftituer à fa vo-
» lonté, & en fait ordinairement comme de fes
» valets, n'ofant manquer à ce qu'il commande. »

(10) On peut encore compter parmi les caufes
qui diminuerent le pouvoir des grands Vaffaux,
les longues guerres que la France eut à foutenir
contre l'Angleterre. Leurs poffeffions furent ex-
pofées aux déprédations des troupes mercenaires
employées par les deux partis. L'altération de la
monnoie, funefte expédient auquel vos Souverains
eurent recours , diminua encore le revenu des
Barons. Plufieurs grands Fiefs furent réunis à la
Couronne par l'extinction des familles qui les pof-

(27)

fédoient ; d'autres, tombant en héritage à des
femmes, furent partagés ; d'autres enfin furent
démembrés par des donations à l'Eglise, ou déchirés par des fucceffeurs collatéraux. Toutes ces
caufes, agiffant enfemble ou féparément, abaif-
ferent la trop grande puiffance des Seigneurs.

Les Croifades furent le premier germe de l'affranchiffement de la fervitude perfonnelle : le Commerce qu'elles apporterent en Italie, les richeffes
que le Commerce y fit naître, donnerent plus d'é-
nergie aux efprits, & infpirerent une paffion fi générale pour l'indépendance & la liberté, qu'avant
la fin de la derniere Croifade, toutes les Villescon-
fidérables de l'Italie avoient acheté des Empereurs
beaucoup de priviléges & d'immunités.

Louis le Gros eft le premier de vos Rois qui
accueillit l'idée d'élever, à l'exemple de l'Italie,
une puiffance pour contre-balancer celle des Barons, en accordant de nouveaux priviléges aux
Villes fituées dans fes domaines (1137.)

« Par ces priviléges, appellés Chartes de Com-
» munautés, dit M. Robertfon, il affranchit les
» habitants, abolit toute marque de fervitude, &
» les établit en corporations ou corps politiques,
» qui furent gouvernés par un Confeil, & des
» Magiftrats de leur propre choix. Ces Magif-
» trats eurent le droit d'adminiftrer la juftice dans

» l'enceinte de leur territoire, de lever des taxes,
» d'incorporer & de lever la milice de la Ville, qui,
» à la premiere requisition du Souverain, se mettoit
» en campagne, sous les ordres des Officiers nom-
» més par la Communauté. Les grands Barons
» suivirent l'exemple du Monarque, & accor-
» derent de semblables immunités aux Villes de
» leur territoire ;... en moins de deux siecles la
» servitude fut abolie dans la plupart des Bourgs
» de France. » (*Voyez Tome I de l'Introduction
à l'Histoire de Charles-Quint , p. 67 & 68.*)

On trouve dans l'acte d'affranchissement accordé en 1376 aux habitants de Mont-Bréton, en
Dauphiné, la réunion des concessions que ren-
fermoient les Chartes de manumission : elles répondoient aux quatre principaux inconvénients
auxquels les hommes étoient soumis dans l'état
de servitude.

1°. On renonça au droit de disposer de leurs
personnes, soit par vente, soit par cession.

2°. On leur donna le pouvoir de transmettre
leurs effets & leurs biens par testament ou par
tout autre acte légal ; & s'ils venoient à mourir
ab intestat, il fut arrêté que leurs biens passeroient
à leurs héritiers légitimes comme les biens des
autres Citoyens.

3°. On fixa les taxes & les services qu'ils devoient à leur Supérieur ou Seigneur - lige, lesquels étoient auparavant arbitraires & imposés à volonté.

4°. Ils eurent la liberté d'épouser qui ils vouloient, au lieu qu'auparavant ils ne pouvoient se marier qu'à des esclaves de leur Seigneur, & avec son consentement. (*Ibid. Tome II, p.* 157 *&* 158.) *Voyez aussi l'Histoire du Dauphiné, Tome I, p.* 81.

(11) C'est sous le regne de saint Louis que les affranchissements ont commencé à devenir plus communs. Sa mere y eut beaucoup de part. Voici un acte de fermeté & d'humanité qui fait honneur à la mémoire de cette grande Reine, & qui prouve combien la condition des serfs étoit malheureuse.

« Le Chapitre de Paris avoit fait emprisonner
» tous les habitants de Chastenay & de quel-
» ques autres endroits pour diverses choses qu'on
» leur imputoit, & qui étoient interdites
» aux serfs : car c'étoit alors la condition du
» peuple, & sur-tout des habitants de la cam-
» pagne, qu'on vendoit avec les terres ; comme
» une maniere de colons affectés, & une dépen-
» dance qui en faisoit partie. Une foule de ces
» malheureux languissoit donc dans les prisons du
» Chapitre, où manquant même du nécessaire pour

» la vie , ils étoient en danger de mourir de
» faim & de misere. Blanche , touchée de com-
» passion aux plaintes qu'elle en reçut, envoya
» demander qu'à sa considération , on voulût bien
» les relâcher sous caution , assurant que de sa
» part elle s'informeroit des choses , & feroit toute
» sorte de justice. Mais le Chapitre , après avoir
» répondu que personne n'avoit rien à voir à ses
» sujets, & qu'il pouvoit les faire mourir , si bon
» lui sembloit , envoya encore prendre les femmes
» & les enfants , qu'il avoit d'abord épargnés ,
» puis , en haine de les voir honorés d'une telle
» protection , on les traita de sorte qu'il en mou-
» rut quantité , soit par la faim , soit par l'in-
» commodité qu'ils souffroient du chaud dans un
» lieu à peine capable de les contenir. Blanche ,
» indignée d'une action où il n'y avoit pas moins
» d'insolence que d'inhumanité , ne douta pas
» qu'il ne lui fût permis de donner atteinte aux
» droits des particuliers , quand l'abus en étoit si vi-
» sible , & qu'il s'agissoit d'empêcher une injuste
» oppression. Elle se transporta donc , avec main-
» forte , à la prison du Chapitre , dont elle ordonna
» qu'on enfonçât les portes ; & comme on pou-
» voit en faire difficulté , par la crainte des cen-
» sures , si communes en ce temps-là , elle y donna
» le premier coup d'un bâton qu'elle tenoit à la

» main : celui-là fut si bien secondé, qu'en un
» instant la porte s'en alla par terre ; & l'on vit
» sortir une foule d'hommes, de femmes & d'en-
» fants, avec des visages défigurés, qui, se jet-
» tant à ses pieds, la supplierent de les prendre
» sous sa protection, sans quoi la grace qu'elle
» leur faisoit leur couteroit bien cher. Elle le fit
» en effet, & si bien, qu'après avoir fait saisir les
» revenus du Chapitre, jusqu'à ce qu'il eût rendu
» ce qu'il devoit à l'autorité dont elle étoit dé-
» positaire, (c'étoit dans le temps de sa seconde
» régence) elle l'obligea même d'affranchir ces
» habitants pour une certaine somme d'argent. »
(*Voyez Tome. II*, *page* 153 *& suivantes de
l'Histoire de saint Louis*, in-4°. *Paris*, 1688.)

(12) Les Seigneurs, avant l'affranchissement,
étant chargés de faire subsister leurs serfs, avoient
des moulins, des fours, des pressoirs à leur
propre usage ; mais lorsque la liberté fut rendue
à ceux-ci, ils s'en firent un droit lucratif, en exi-
geant un sixieme, un huitieme des matieres qu'on
étoit obligé d'y porter. Ce droit ne fut long-
temps que personnel, dans la suite il devint réel.
Les biens-fonds y furent assujettis en quelques
lieux : c'est ce qu'on appella droit de *bannalité*.

Cette charge dure & exorbitante du droit commun n'étoit considérée, lors de l'affranchissement,

que comme une fuite naturelle & néceffaire des loix féodales. Ces loix étoient alors tellement refpectées, que faint Louis, qui en connoiffoit toute l'énormité, n'ofa en prononcer l'affranchiffement. Trois villages avoient refufé le paiement du droit de bannalité. Ce Prince interpofa fon autorité, & par une Charte de 1258, il permit aux habitants de s'en fouftraire en certains cas, mais à des conditions très-dures, par exemple, de porter au moulin leur grain fur leurs épaules, &c..., (*Voyez page* 200 & *fuivantes du Livre intitulé :* Recherches & Obfervations fur les Loix féodales, *par M. Doyen.*)

(13) Les Seigneurs, en cédant les terres dont ils s'étoient déclarés les propriétaires par la force, dans les temps de confufion, n'ont pas cédé à leurs vaffaux une propriété abfolue, puifque la glebe dépendante de leurs Fiefs, fut grevée d'un droit de rachat à chaque mutation. Ce droit, fous le nom de relief, de lods & vente, &c... n'eft pas uniforme dans toutes les Coutumes. Celui que les Seigneurs exigent plus communément eft le quint & le requint. Si une terre eft vendue cent mille francs, le Seigneur fuzerain leve fur le prix vingt mille francs pour le quint, & quatre mille francs pour le requint; le vendeur ne retire que 76,000 livres net de la valeur de fa terre. Le

Suzerain

Suzerain possede encore, après avoir prélevé la
somme de vingt-quatre mille livres, le droit éven-
tuel de la prélever à toutes les mutations. Il n'a
donc réellement cédé au premier copropriétaire
féodal & aux copropriétaires postérieurs que les trois
quarts d'une propriété qu'il paroissoit lui avoir
cédée en entier, & pour laquelle cession il s'est
réservé des droits annuels & des redevances, comme
si elle étoit entiere. C'est cette cession illusoire
par laquelle le cédant retient le droit de reprendre
plusieurs fois dans l'avenir le quart de la chose
cédée qui contrarie le plus l'ordre civil, l'émulation & l'amélioration. Car si la terre obtient une
plus grande valeur par les mises & par les soins
d'un copropriétaire intelligent, le Seigneur vient,
lors de la vente, partager avec lui ou ses repré-
sentants, le fruit d'une industrie à laquelle il n'a
pas coopéré. Ce partage injuste se renouvelle à
chaque vente.

On peut estimer, par une appréciation moyen-
ne, qu'il arrive, l'une compensant l'autre, trois mutations en un siecle; chaque siecle présentera le
même résultat. Ce droit est exorbitant; il est,
par son excès même, opposé aux véritables intérêts des Propriétaires. Il repousse les acquéreurs,
& empêche la circulation & le mouvement des
terres dans le Commerce : circulation cependant

I. Partie.   C

très-défirable pour l'avantage général de la fociété. Les Seigneurs font fi convaincus que l'exorbitance de ce droit leur eft nuifible, qu'ils en temperent eux-mêmes la rigueur pour faciliter & multiplier les mutations.

Comment eft-il poffible qu'un Gouvernement auffi éclairé que le Gouvernement François, laiffe fubfifter des inftitutions qui portent fi vifiblement l'empreinte de la barbarie qui leur a donné naif-fance ; qui font fi contraires à la véritable pro-priété, par conféquent à la meilleure culture, fource unique des véritables richeffes ? Tout conf-pire à admettre les Propriétaires actuels à rache-ter, une fois pour toujours, un droit féodal auffi préjudiciable à la profpérité publique. C'eft ainfi qu'a penfé Charles-Emmanuel, Roi de Sardai-gne, comme on le verra dans la fuite de ce Mé-moire.

(14) Si l'on confidere avec attention quelle a été l'origine & la naiffance des fociétés, on verra que les hommes ont d'abord été réunis par quel-ques-uns d'entr'eux, qui leur ont infpiré la crainte ou l'admiration par la grandeur de leur taille, la force de leur corps, où leur dextérité à manier les armes. Ce fentiment de leur foibleffe les a raffemblés autour d'eux, & ils ont confenti à vivre fous leur fauve-garde. La force corporelle &

(35)

exécutrice a été la premiere cause de cette réunion ; la force légiflative n'en a été que le lien :
mais comme les premieres Loix ont été faites par
les premiers chefs, qui ne connoiffoient que la
force phyfique, à laquelle ils accordoient exclufivement l'honneur & la diftinction, ces Loix ont eu
pour unique objet le maintien & l'agrandiffement
du pouvoir qu'ils avoient acquis par la force : ces
Loix ont donc dû honorer d'abord les guerriers.
Ceux-ci partageant avec le Chef cette prérogative,
ont dû s'affocier avec lui pour tenir les autres
dans la plus grande dépendance. Telle a été
l'origine de cette efpece d'ariftocratie militaire
qui étoit le caractere diftinctif du gouvernement
des Francs, lorfqu'ils conquirent les Gaules ;
telle a été auffi, plufieurs fiecles après la conquête, l'origine de la fervitude perfonnelle, lorfque le fyftème féodal eut affoibli & enfin détruit
la Monarchie politique.

Ces premieres Loix, loin d'avoir été le déve-
loppement de la Loi naturelle, & par conféquent
d'avoir eu pour objet l'intérêt du plus grand
nombre, n'ont favorifé que l'intérêt des chefs
& des hommes puiffants, de ceux enfin qui
avoient le plus à perdre & rien à gagner. L'efprit
de ces premieres Loix s'eft perpétué d'âge en
âge ; & quels que foient les changements que le

temps ait apportés dans votre législation, quelles
que soient les réformes que la réflexion & les
lumieres acquises y aient opérées, cet esprit res-
pire encore tout entier dans le corps de vos Loix :
le fonds n'a pas encore changé ; la base gothique
sur laquelle elles sont élevées, est toujours la même ;
l'intérêt des puissants y prévaut toujours sur l'intérêt du peuple & de l'Empire ; de sorte que le
vœu le plus désirable qu'on puisse faire aujour-
d'hui pour le bonheur de la France, seroit que
le Ciel lui accordât un Législateur philosophe,
qui fît l'examen de ces Loix confrontées au droit
naturel, & qui les réformât d'après les simples
& véritables principes de la morale, de la politique & de la science du Gouvernement. Il sor-
tiroit de ce travail un corps de Loix qui ne feroit pas les hommes les plus heureux, mais qui
feroit le plus grand nombre d'heureux. Tel doit
être l'objet de toute législation, & tel est le plus
haut dégré de perfection où toute institution humaine puisse atteindre.

(15) « L'Abbaye de Pamiers, dont on a fait
» depuis un Evêché, avoit été jusqu'alors (en
» 1268) sous la protection de Roger, Comte
» de Foix, & à des conditions assez dures ; de
» sorte que Roger étant mort, les Moines vou-
» lurent traiter avec le Roi pour se mettre sous la

» fienne, dans l'efpérance de quelque chofe de
» plus doux.... Le Roi ne voulut pas la leur ac-
» corder à une meilleure compofition : l'Abbé y
» confentit, & lui céda le Château de Pamiers ,
» la Seigneurie de la Ville, partie, tant du re-
» venu certain que cafuel , & de la juftice même ,
» avec le droit de faire marcher à la guerre les
» vaffaux de l'Abbaye, & d'autres chofes de cette
» efpece, le tout pour dix ans, pendant lefquels
» le Roi s'obligeoit d'employer ces revenus à la
» défenfe de l'Abbaye, & puis de remettre le
» tout à l'Abbé. » (*Voyez l'Hiftoire de faint
Louis , Tome II , in-4°. Paris , 1688 , page
546.*)

(16) Les Seigneurs qui recevoient des péages
pour la fureté, n'étoient garants que des délits
commis pendant le jour , parce qu'ils n'étoient
tenus de les garder qu'entre deux foleils. Saint
Louis le jugea ainfi dans un procès mu, en 1265 ,
entre les Affociés d'un Marchand tué & volé
proche d'Arras , & le Comte de Saint-Pol , chargé
de la garde du chemin où le délit avoit été commis. (*Ibid. page 470.*) *Voyez auffi l'Ordonnance
d'Orléans , article 138 , & l'Ordonnance de Blois ,
article 282.*

(17) L'incompatibilité du fervice militaire avec
le caractere eccléfiaftique, étoit tellement recon-

(38)

nue dans les premiers temps, que ce caractere
suffisoit pour dispenser de ce service. Plusieurs
hommes libres, pour s'en soustraire, se faisoient revêtir d'un titre ecclésiastique. Cet usage devint un
abus qu'on crut devoir réprimer. On défendit aux
hommes libres d'entrer dans les Ordres sacrés,
à moins qu'ils n'en eussent obtenu le consentement du Prince. La raison qu'on donne de ce
Réglement, est remarquable : « Car nous savons
» que quelques-uns en agissent ainsi, non par
» esprit de dévotion, mais afin de se dispenser
» du service militaire auquel ils sont tenus. *De
» liberis hominibus qui ad servitium Dei se tra-
» dere volunt, ut priùs hoc non faciant quàm à
» nobis licentiam postulent. Hoc ideò quia audivi-
» mus aliquos ex illis non tàm causâ devotionis
» hoc fecisse, quàm pro exercitu aut aliâ functione
» regali fugiendâ.* » (Voy. Lib. I, Capitul. art.
114.)

Cependant les Ecclésiastiques se familiariserent
avec l'idée de concilier les fonctions sacerdotales
avec les exercices guerriers : ils oublioient l'esprit de paix de leur profession, & paroissoient
eux-mêmes au champ de Mars à la tête de leurs
vassaux. *Flammá, ferro, cæde possessiones Ecclesiarum Prælati defendebant.* (Voy. Guido, Abbas
apud du Cange, Brussel, Usage des Fiefs, Tom. I,
page 179.)

(39)

Les Evêques & les Abbés, qui s'étoient fait des Seigneuries des terres qu'ils tenoient de la libéralité des Rois & des Grands, eurent la vanité de vouloir commander eux-mêmes leurs vasvaux, & ne voulurent pas souffrir qu'ils allassent à la guerre sous la banniere du Duc ou du Comte dans le ressort duquel ils étoient compris. Ils devinrent guerriers, entreprenants, usurpateurs, par cela même que leurs propriétés avoient été érigées en Seigneuries ou Fiefs. Ainsi, soit qu'ils eussent pris les armes pour acquitter le devoir de leurs propriétés, ou par orgueil, pour ne pas laisser combattre leurs sujets sous des Commandants étrangers, ou par ambition, pour étendre leurs domaines, il n'en est pas moins vrai qu'ils oublierent la sainteté de leur caractere, parce que leurs propriétés avoient changé de nature, & avoient été revêtues de titres incompatibles avec le Sacerdoce.

A peine Charlemagne fut-il monté sur le trône, qu'il défendit aux Ecclésiastiques de porter les armes. *Hortatu omnium fidelium nostrorum & maximè Episcoporum & reliquorum Sacerdotum, servis Dei per omnia omnibus armaturam portare vel pugnare, aut in exercitum & in hostem pergere, omninò prohibuimus.* (Voy. Capitul. I, art. 1, an. 769.)

Ce Prince réitéra cette défenfe trente-quatre ans après, par un autre Capitulaire de l'an 803. *Volumus ut nullus Sacerdos in hoftem pergat, nifi duo vel tres Epifcopi electione cæterorum, propter benedictionem & prædicationem, populique reconciliationem .... hi verò nec arma ferant, nec ad pugnam pergant .... reliqui verò qui ad Ecclefias fuas remanent, fuos homines benè armatos nobifcum, aut cum quibus juffèrimus dirigant.* (Voyez Capitul. VIII, an. 803.)

» « Le Clergé, par fon caractere & fes fonc-
» tions, dit M. Robertfon, (Tome II, page 271)
» différoit effentiellement des Laïques, & l'ordre
» inférieur des gens d'Eglife formoit une claffe
» entiérement féparée des autres Citoyens ; mais
» les Eccléfiaftiques en dignité, qui étoient or-
» dinairement d'une naiffance illuftre, fe met-
» toient au-deffus de cette diftinction ; ils con-
» fervoient toujours le gout des occupations de
» la Nobleffe ; & , malgré les Décrets des Papes
» & les Canons des Conciles, ils portoient les
» armes, menoient leurs vaffaux en campagne,
» & combattoient à leur tête. Le Sacerdoce leur
» paroiffoit à peine un état diftinct. »

On étoit tellement perfuadé alors que le droit de porter les armes étoit un des privileges du haut Clergé, que les Evêques & les Abbés regarderent les défenses de Charlemagne , moins comme des Loix qui tendoient à rétablir l'ordre , & à les ramener à la sainteté de leur ministere , que comme une violation de leurs prérogatives. Il fallut que ce Prince , pour désabuser le public , fît connoître les véritables motifs de ces Loix.

C'est ainsi qu'il s'exprime : *Quia instante antiquo hoste audivimus quosdam nos suspectos habere proptereà quod concessimus Episcopis & Sacerdotibus ac reliquis Dei servis ut in hostes , nisi duo aut tres electi à cæteris , & Sacerdotes similiter perpauci ab eis electi , non irent , sicut in prioribus nostris continetur Capitularibus ; nec ad pugnam properarent, nec arma ferrent, nec homines tàm christianos quàm paganos necarent , nec agitatores sanguinum fierent , vel quicquam contrà Canones facerent , quod honores Sacerdotum aut res Ecclesiarum auferre vel minuere eis voluissemus : quod nullatenus facere velle , vel facere volentibus consentire omnes scire cupimus. Sed quanto quis eorum ampliùs suam normam servaverit , & Deo servierit , tanto eum plus honorare & cariorem habere volumus. (Voyez Capitul. de Baluze , Tom. 1 , pag. 410.)*

Comment les Canons de l'Eglise & les Décrets des Papes , sur cet objet, pouvoient-ils être respectés, lorsque les Pontifes se mettoient eux-mêmes à la tête de leurs troupes? L'un d'eux reçut une bleffure mortelle, en combattant contre les Sénateurs de Rome, qui réduifirent, dans le douzieme fiecle, la puiffance papale dans des bornes très-étroites. (*Voyez Otto Friginfenfis, Chron. Lib. VII, Cap. XXVII, & Robertfon, pag.* 47, 174 & 271, *Tome II.*)

Les idées étoient tellement confondues à cet égard dans les fiecles d'ignorance, que Boniface VIII, qui le premier inftitua le Jubilé en 1300, affecta de fe montrer dans cette cérémonie, tantôt avec les vêtements d'un Pontife, tantôt avec la pourpre des Céfars, ayant les brodequins impériaux aux jambes, la couronne fur la tête & le fceptre à la main, & *qu'il tira lui-même du fourreau l'une des deux épées qu'on portoit devant lui.* C'eft ce même Boniface avec qui Philippe-le-Bel eut tant de démêlés. Ce Pontife ofa le fommer, par fon Nonce, *de reconnoître qu'il tenoit du Pape la fouveraineté temporelle de fon Royaume;* Philippe, pour toute réponfe, le chaffa de fes Etats. (*Voyez Hiftoire de France, par Velly, Tome VII, page* 147, 150 & 193.)

(18) Voici ce qu'on lit à l'article de Vienne du premier Décembre 1782, dans le Mercure de France du 28 du même mois : « Le pro-
» jet qu'on avoit de mettre tous les biens

(43)

» eccléfiaftiques en économats , n'aura , dir-
» on, pas lieu, parce que fon exécution devien-
» droit trop couteufe. Les Eccléfiaftiques con-
» tinueront de les régir; mais ils feront obligés
» de fournir tous les ans l'état de leur recette,
» & de verfer une certaine fomme dans la caiffe
» eccléfiaftique. On affure que les fuppreffions de
» Couvents qui ont été faites jufqu'à préfent ,
» ont produit à cette caiffe vingt-quatre millions
» de florins. »

(19) Le Clergé ne paie au Roi que feize à dix-
huit millions tous les cinq ans , ce qui ne fait
que 3,400,000 livres par an. (*Voyez l'état des
revenus du Roi portés au Tréfor-Royal à la fin du
Compte rendu en 1781.*) Cependant il faut obferver que , quoiqu'il n'entre au Tréfor-Royal que
trois à quatre millions fournis par le Clergé annuellement, celui-ci leve néanmoins tous les ans
dix à douze millions fur tous les individus eccléfiaftiques, non compris même la contribution du
pays conquis. Mais qu'eft-ce que cette modique
fomme, en comparaifon de plus de cinq cents
quatre-vingt millions payés annuellement par toutes
les autres claffes de Citoyens, prifes collectivement ? Il n'eft peut-être pas inutile d'obferver
encore que, dans la fomme de dix à douze millions, il y a fept à huit millions employés en frais

de recouvrement, d'affemblée, & fur-tout en frais
d'intérêts à payer pour les emprunts que le Gouvernement a permis au Clergé de faire pour le
fourniffement de fes dons-gratuits. Cette permiffion a augmenté la charge de la génération préfente, elle augmentera encore celle de la génération future, fi on continue à permettre que la
contribution du Clergé fe faffe par la voie des
emprunts. Les intérêts qu'il paie, mais qui n'en-
trent pas au Tréfor-Royal, s'élevent déja à près
des trois quarts de la fomme impofée; que fera-
ce un jour, fi les capitaux empruntés, déja énor-
mes, s'accroiffent ? Ils s'éleveront peut-être à la
valeur des fonds qui en font les garants, & les
fonds, grevés de cette dette immenfe, feront
nuls. Si le Clergé n'avoit pas emprunté, il eft
évident qu'en levant fur lui-même une taxe de
dix ou douze millions, il pourroit en verfer
prefque tout le produit au Tréfor-Royal, à l'acquit des dépenfes publiques, & cependant les
individus ne feroient pas plus chargés qu'ils le font
aujourd'hui ; mais telles ont été les combinaifons
des générations paffées : elles ont adopté le calcul
favori des ufufruitiers ; c'eft-à-dire, qu'elles
ont penfé au préfent, fans s'embarraffer de
l'avenir; & pour fe difpenfer d'une taxe feche
qui leur paroiffoit trop onéreufe, elles ont préféré

(45)

la voie des emprunts , qui ne pouvoient devenir
une charge fenfible que pour les générations fu-
tures. Tel eft l'abus des emprunts , que nous aurons occafion de développer dans la feconde
Partie.

(20) On employa tout , jufqu'aux prétendus
miracles, pour déterminer le peuple à payer la
dîme au Clergé. Lorfqu'il arrivoit quelque cala-
mité, une inondation, une grêle, une ftérilité,
on l'attribuoit au refus de la dîme. Le Prince
même appuyoit fes Ordonnances fur ces motifs.
Voyez le Capitulaire de Francfort, Cap. XXIII,
dans Baluze, Tom. I, vous y lirez : *Omnis homo
ex fuâ proprietate legitimam decimam ad Ecclefiam
conferat : Experimento enim didifcimus in anno
quo illa valida fames inrepfit vacuas annonas,
à dæmonibus devoratas & voces exprobrationis
auditas.*

Les Eccléfiaftiques feignirent, dans une autre cir-
conftance, qu'il étoit defcendu du ciel une lettre de
Jéfus-Chrift. Par cette lettre le Sauveur menace les
païens, les forciers & ceux qui ne paient pas la
dîme, de frapper leur champ de ftérilité, & d'en-
voyer dans leurs maifons des ferpents ailés pour
dévorer le fein de leurs femmes. (*Voyez Baluze,
Tome II.*)

On n'employoit pas feulement ces fraudes

pieuses pour obliger le peuple à payer la dîme ;
mais encore pour engager les Laïques à faire des
donations au Clergé. Les Moines, sur-tout, avoient
répandu l'alarme parmi les fideles trop crédules.
Ils leur avoient fait accroire, par de fausses inter-
prétations de l'Evangile, que la fin du monde ap-
prochoit ; qu'ils ne pouvoient rien faire de plus
agréable à Dieu, pour appaiser sa colere, que de
se reconnoître les serviteurs & les vassaux de tel
Saint dont ils possédoient les reliques, moyennant
un cens annuel & perpétuel, ou de lui faire
don d'une partie de leurs biens pour obtenir son
intercession à l'heure de la mort, & racheter,
par cette donation, la peine due à leurs péchés.
Ces actes sont très-communs dans le onzieme siecle. Voici un exemple d'une de ces donations, dont
l'acte est d'environ 1093. On la trouve dans le
Cartulaire du Monastere de Saint-Marcel-lès-Châ-
lons, en Bourgogne.

*Mundi terminum appropinquantes, ruinis crebres-
centibus, jam certa signa quæ Evangelicus sermo præ-
dixit, manifestantur. Idcircò ego Durannus, pavens
illud tremendi examen judicii, diem qui venturus est
velut clibanus ardens, recipiens, unusquisque prout
gessit, sivè bonum, sivè malum, & reminiscens beni-
gnam vocem illam Domini dicentis : Date eleemosi-
nam, & omnia munda sunt vobis, & iterum sancta
Scriptura alio loco dicit : Sicut aqua extinguit ignem,*

(47)

*illa eleemofina extinguit peccatum. Ideò cupiens illa
incogitabilia evadere tormenta quæ apud inferos præ-
parata funt impiis, proptereà dono aliquid ex rebus
hæreditatis meæ Domino Deo, & beato Marcello ;
Domino meo, fuifque Monachis, pro animæ meæ
remedio, feu patris ac matris meæ potitione, terminum allodium juris mei, qui eft fitus in pago
Cabillonenfe, &c. &c.*

(21) Quelle que foit l'opinion du Clergé fur la
dîme, il n'en eft pas moins vrai que, dans l'origine de la nouvelle Loi, la dîme étoit une obla-
tion volontaire. *In lege gratiæ jugum decimarum
Deus abftulit*, dit faint Hilaire fur faint Matthieu.
C'eft un principe généralement reconnu aujourd'hui ;
la dîme n'eft qu'une offrande libre, une aumône.
Decima, dit Hincmar, Archevêque de Rheims,
*à fidelibus data mifericordia .... Eleemofina enim
græcè mifericordia.*

Charlemagne la rendit obligatoire ; mais il faut
confidérer, 1°. que la Nation ne donna fon confentement à l'établiffement de la dîme, qu'à condition qu'elle pourroit la racheter ; 2°. que le
Clergé en étendit tellement la perception depuis
cette époque, que cet impôt eft devenu exorbitant, & que, quand on fuppoferoit qu'il fût
légal, au moins devroit-on le reftreindre à la quotité & à la nature des fruits qui en faifoient ori-

ginairement l'objet. Or il n'eſt pas douteux que
la prétention du Clergé, à cet égard, ne ſoit
devenue exceſſive, & que pluſieurs fois la Nation
n'ait réclamé contre cet excès. On ne peut pas
oublier que Philippe-le-Bel fut obligé de venir,
à ce ſujet, au ſecours de ſes peuples. Ce Prince
porta en 1303 cette Loi célebre, connue ſous le
nom de *Philippine*, par laquelle il voulut contenir les Eccléſiaſtiques dans l'obſervation des anciens uſages. *Seneſcallus ad requiſitionem Conſulum
locorum quorumcumque defendat, ipſos Conſules &
Univerſitates, & ſingulos à novâ impoſitione ſervi-
tutis faciendâ per Prælatos & alias perſonas Eccle-
ſiaſticas, à novâ exactione decimarum & primitia-
rum, &c. præſtationis paſſata prout de jure fuerit
hactenùs & conſuetum fieri.*

On doit ſe rappeller que lorſque le Décimateur leve la treizieme gerbe, il prend exactement
le ſixieme du produit net, & que, par conſéquent, il diminue d'un ſixieme les moyens qu'auroit eus le Laboureur d'améliorer ſa culture, & de
payer au Prince ſa quote-part de l'impôt deſtiné
au maintien, à l'adminiſtration & à la défenſe de
l'Etat.

(22) Le Grand-Duc de Toſcane vient de ſupprimer la dîme dans les lieux où elle n'eſt pas
néceſſaire pour l'entretien des Curés. « Le Grand-

» Duc,

» Duc, écrit-on de Florence, a adressé le 4 de
» ce mois (Mars) des Lettres circulaires aux
» Evêques du Grand-Duché de Toscane , par
» lesquelles il leur est enjoint de notifier aux Cu-
» rés dont la portion-congrue est portée à 80 scu-
» dis , qu'ils ne pourront plus prendre aucune
» dîme ; mais ceux qui sont au-dessous de cette
» somme continueront de la percevoir par des
» gens commis à cet effet, jusqu'à ce qu'on ait
» trouvé des moyens d'y suppléer. » (*Voyez Mercure de France* , N°. 15, 1783 , page 51 de la
Partie politique.)

Ces moyens ne sont pas difficiles à trouver ;
ils sont sous la main de l'Administration. Il est
aisé de charger les propriétés foncieres ecclésiastiques de l'entretien des Curés, & de leur assi-
gner sur ces fonds un revenu honnête, & propor-
tionné à leurs fonctions & à la dignité de leur
caractere. C'est la portion du Clergé la plus précieuse ; c'est elle qui porte le poids du jour, &
c'est elle qui partage le moins les richesses de
l'Eglise. La portion-congrue n'étoit, il n'y a pas
encore long-temps, que de 300 livres ; on l'a
portée depuis à 500 livres, il faudroit encore la
doubler.

Comparez l'opulence des Chapitres & des
Monasteres, relativement aux Chanoines & aux

I. Partie.

D

Moines qui y font attachés, avec la modique
fomme accordée aux Curés ; comparez l'utilité
des premiers à celle des feconds, & vous trouverez que, dans l'état préfent des chofes, les revenus eccléfiaftiques font répartis en raifon inverfe
du bon fens & de l'équité. Remarquez que je ne
fais mention ici que des revenus capitulaires &
conventuels, & non des menfes épifcopales &
abbatiales, qui offrent encore des reffources im-
menfes pour procurer aux Curés une fubfiftance
plus aifée, & pour faciliter l'entiere fuppreffion
des dîmes.

Il y a encore un autre moyen, puifé dans la
nature même des chofes, que le Roi peut facilement mettre en ufage ; il n'y a qu'à ordonner
que les Canonicats des Cathédrales & des Collégiales foient dorénavant conférés préférablement
aux Curés qui auront rempli les fonctions pafto-
rales pendant un temps qu'on pourroit fixer à 25
ou 30 ans au plus. Cette difpofition leur pré-
fenteroit une perfpective confolante dans leurs
travaux, & une récompenfe honnête dans un âge
où les hommes ont befoin de repos, & où ils
ont acquis le droit de l'obtenir ; car lorfqu'un
Citoyen a confacré trente années de fa vie à une
profeffion utile à la fociété, il a payé fon tribut
focial, & doit être quitte envers elle. Pline le

(51)

Jeune fait quelque part cette réflexion dans ſes Lettres ; il appelle cette portion laborieuſe de la vie humaine, *Longum ævi ſpatium.* Cependant il faudroit laiſſer aux Curés le choix de conſerver leur Cure ou d'accepter le Canonicat ; car il y a bien des circonſtances où le Canonicat ne compenſeroit pas la ceſſion qu'ils en feroient.

On a déja procuré aux Profeſſeurs Eccléſiaſtiques, dans les Univerſités, le privilege de réclamer des Canonicats par le *Septennium.* Celui qu'on accorderoit aux Curés au bout de vingt-cinq ou trente années d'exercice, ſeroit au moins auſſi raiſonnable : car l'inſtitution religieuſe & morale vaut bien l'inſtitution littéraire & civile.

Mais on eſt encore ſi éloigné de ces principes en France, on y accorde ſi peu de conſidération aux Curés, ſur-tout aux Curés de campagne, ſur les ſoins deſquels repoſe cependant la première éducation de la génération future, la plus noble, la plus importante & la plus utile des fonctions confiées au Sacerdoce ; on leur accorde, dis-je, ſi peu de conſidération, qu'on a conſacré le peu de cas qu'on en faiſoit par un uſage établi depuis quelque temps, & ſuivi conſtamment dans la diſtribution & la nomination des Bénéfices. Les Curés, depuis ce nouveau régime, ne ſont plus cenſés ſuſceptibles d'être inſcrits ſur la feuille, par cela même qu'ils

ne font que Curés ; on ne les regarde que comme
le peuple du Clergé, comme les journaliers &
les manœuvres de la Religion. Plufieurs Paf-
teurs refpectables fe font déterminés à quitter le
faint Miniftere pour folliciter un Canonicat, ou
le vain titre de Grand-Vicaire, afin d'acquérir
l'aptitude à la nomination des titres & des graces
eccléfiaftiques. Peut-on imaginer un principe plus
contraire au bon fens, au bon ordre & à une
fage répartition des biens de l'Eglife ?

Eh ! qui empêcheroit, pour redonner du luftre à
l'état de Curé, d'ordonner qu'aucun Prêtre ne pourroit dorénavant parvenir à aucune dignité de l'Eglife, même à l'Epifcopat, qu'il n'eût poffédé préalable-
ment, pendant un nombre d'années déterminé, un
titre curial, & qu'il n'en ait rempli religieufement
les devoirs ? Ne feroit-ce pas ramener le Sacerdoce à
fon inftitution primitive, à fes véritables fonctions, enfin au texte & à l'efprit de l'Evangile ?

En finiffant cette note, je lis, avec plaifir,
dans le Mercure de France du 3 Mai 1783, les
difpofitions d'un Réglement que l'Empereur vient
de donner à l'occafion de la nouvelle répartition
des Paroiffes de Vienne... Les Canonicats feront
» donnés de préférence aux Curés qui auront
» bien rempli les fonctions du faint Miniftere.

(53)

» Il ne fera plus néceſſaire, à l'avenir, d'être
» noble pour être reçu Chanoine d'une Egliſe
» Cathédrale, Sa Majeſté Impériale ayant ſup-
» primé l'uſage qui avoit exiſté dans la plûpart
» des Chapitres, & qui donnoit l'excluſion à
» tous ceux qui n'étoient pas Gentilshommes. »
(*Voyez article de Vienne, page 4 de la Partie
politique.*)

Ce Prince a donné encore depuis un nouveau
Réglement pour les Eccléſiaſtiques chargés du
ſoin des Paroiſſes : chaque Curé de campagne
jouira d'un traitement annuel de 600 florins; le
premier Vicaire de 350, & le ſecond de 250,
(*Voyez la Gazette de France, N°. 75, article
de Vienne du 3 Septembre 1783.*)

(23) On pourroit citer pluſieurs exemples du
congé féodal accordé pour des motifs beaucoup
moins utiles. Ces congés furent très-communs
dans le temps des Croiſades ; vos Rois ne les
refuſoient pas à ceux qui, ayant pris la croix,
mettoient en vente une partie de leurs terres pour
ſe procurer l'argent néceſſaire à leurs expéditions.
Il y a plus ; on diſpenſa les Croiſés de demander le congé féodal à leurs Suzerains ; on leur
accorda les plus grands privileges, pour exciter
les Seigneurs féodaux à prendre la croix. Parmi
ces privileges, vous trouverez qu'ils pouvoient

aliéner leurs terres ſans le conſentement du Seigneur ſupérieur de qui ils dépendoient. (Voyez Tome II, page 98 de l'Introduction à l'Hiſtoire de Charles-Quint, par Robertſon.)

(24) Il eſt important d'obſerver que, lorſqu'il s'éleve une conteſtation entre le Seigneur & ſes Vaſſaux, ceux-ci ne trouvent plus de défenſeurs dans les grands Tribunaux.

Cette obſervation n'a pas échappé au Tiers-Ordre de la Ville de Bourg-en-Breſſe ; c'eſt ainſi qu'il s'exprime dans ſa Requête, page 25 :

« Les grands Tribunaux, autrefois compoſés
» en mi-partie, & aſſez indifféremment remplis
» par des perſonnages nobles & roturiers, of-
» froient à tous les Ordres de l'Etat le précieux
» avantage d'être jugés par leurs Pairs ; mais de-
» puis que les Cours Supérieures ont pris des
» Arrêtés pour exclure le Plébéïen de la haute
» Magiſtrature, & qu'en aggravant encore leurs
» premiers Arrêtés, elles ont, par des Délibéra-
» tions nouvelles, déterminé le nombre des gé-
» nérations de nobleſſe qui doivent concourir
» pour ouvrir aux aſpirants la porte des Tribu-
» naux ſupérieurs, le Tiers-Ordre, condamné à
» une humiliation inſupportable, & privé de l'eſ-
» poir d'être jugé par ſes égaux, ne peut plus ſe
» diſpenſer d'élever la voix de la réclamation, &
» de manifeſter ſes juſtes alarmes. Peut-il voir

(55)

» avec indifférence que la robe s'uniffant à l'épée,
» & l'épée à la robe, ces deux corps fe lient
» d'opinion & de fentiment pour donner par-tout
» l'exclufion au Tiers-Ordre, & qu'on cher-
» che, par ce moyen, à diminuer fon influence
» dans l'équilibre & la balance de l'Etat? »
» La naiffance & la richeffe vont donc être
» déformais la mefure du mérite que devront
» avoir les Magiftrats fupérieurs pour prononcer
» fur la vie, l'honneur & la fortune des Ci-
» toyens? Mais fuppofons qu'après avoir paffé au
» creufet les titres de nobleffe, on s'occupe, dans
» un examen févere, des qualités morales qui
» conftituent le vrai Magiftrat, l'homme ne de-
» meurera-t-il pas toujours uni à la perfonne du
» Magiftrat? Ce fera toujours le Magiftrat Ecclé-
» fiaftique, le Magiftrat Noble, le Magiftrat Sei-
» gneur, qni prononcera dans la caufe du Sécu-
» lier contre l'Eccléfiaftique, du Plébéïen contre
» le Noble, de l'Emphytéote contre le Seigneur. »
(*Note de l'Editeur.*)

(25) Prefque tous les Souverains de l'Europe
commencent à reconnoître ces principes.

Les fervitudes féodales ont été récemment abo-
lies dans une des Provinces de la Hollande.

« Le patriotifme vient d'offrir au Baron Van der
» Capellen Tot de Pol, une médaille d'or. Elle

(56)

» lui fut préfentée dans un grand repas qui lui
» fut donné, & dont les emblêmes de deffert
» étoient relatifs à l'abolition des fervitudes féo-
» dales qu'il a la gloire d'avoir procurée dans la
» Province d'Over-Iffel.

» Sur la Médaille, on voit la Liberté placée fur
» un piédeftal, tenant dans fa main droite l'écuf-
» fon du célebre Patriote, furmonté d'une cou-
» ronne civique, & dans la gauche un fceptre,
» fur lequel eft un œil ouvert & rayonnant, image
» de la vigilance de tout Régent qui a à cœur le
» maintien des droits de fa Patrie. Un Labou-
» reur, appuyé fur fa bêche, regarde avec dédain
» un joug brifé au bas du piédeftal, & dans le
» lointain, un cheval, dételé de fa charrette,
» broute paifiblement l'herbe d'une prairie qui
» avoifine une chaumiere & un château. Au-
» devant eft écrit : *Suum cuique*; & plus bas,
» une houlette, une faulx, un inftrument de mu-
» fique champêtre, qu'entrelace une guirlande de
» fleurs. » (*Voyez le Mercure de France, du 17
Mai 1783, page 135 de la Partie politique.*)

L'Impératrice de Ruffie vient d'accorder la même
faveur à la Livonie. Voici ce qu'on lit à l'article
de Pétersbourg du 21 Juillet 1783, dans le Mercure de France du 30 Août de la même année,
(*page 194 de la Partie politique.*)

« La Livonie a envoyé des Députés pour re-
» mercier l'Impératrice du Réglement qu'elle a
» bien voulu donner en faveur de ce diftrict.
» Ce Réglement affranchit du lien Féodal tous les
» Fiefs qui y font fitués, & les déclare parfaite-
» ment allodiaux ; ce qui affure à chacun la libre
» poffeffion de fon bien, & prévient quantité de
» différends & de procès dans les familles. »

Le Margrave de Bade vient auffi de fupprimer
toutes efpeces de fervitudes qui exiftoient dans fes
Etats. (*Voyez la Gazette de France, N°. 71, article de Francfort, du 5 Septembre 1783.*)

ÉDIT

DU ROI DE SARDAIGNE,

Pour l'affranchissement des fonds sujets à des devoirs féodaux ou emphytéotiques en Savoie, & autres dispositions relatives à cet objet, aux Fiefs & Emphytéofes, aux dettes des Communautés, & à la réduction des intérêts.

Du 19 Décembre 1771.

CHARLES-EMMANUEL, par la grace de Dieu, Roi de Sardaigne, de Chypre & de Jérusalem, Duc de Savoie, de Montferrat, &c. Les recours qui nous ont été présentés par plusieurs Communautés de notre Duché de Savoie, pour être autorisées à procurer l'affranchissement des fonds qui sont sujets à des taillabilités, lods, cens & autres redevances procédant des Fiefs & Emphytéofes, nous ont déterminé, après les plus exactes recherches & les plus mures considérations sur l'origine, la nature & les effets de ces devoirs, à donner, par une Loi générale, les plus

(59)

grandes facilités pour les supprimer, sans en exclure
ceux qui appartiennent à notre Domaine immédiat, ayant reconnu que tels droits sont onéreux,
non-seulement aux débiteurs, mais souvent encore
aux Propriétaires, soit par les contestations inséparables des exactions particulieres, soit par les difficultés & les frais de rénovations, qui sont, d'ailleurs,
une source continuelle de procès, d'erreurs & d'abus.
Nous avons, en conséquence, prescrit des regles
pour assurer l'indemnité de notre Domaine, des Seigneurs directs, des Favetiers & des Communautés, auxquelles il sera d'autant plus facile de contribuer au prix des affranchissements, que nous leur
permettons de faire des emprunts & de vendre les
communaux qui ne leur sont pas nécessaires. Les
Seigneurs disposeront librement de ce prix, sauf
dans le cas qu'ils soient obligés de l'employer,
ce qu'ils pourront faire à leur choix, pourvu qu'il
soit approuvé, & au besoin sur les tailles, dont
nous démembrons une partie dans ce Duché, pour
leur avantage seulement, sans blesser cependant
les Loix de notre Domaine. Pour remplir ces im-
portants objets, nous établissons dans notre Capitale de la Savoie une Délégation qui procédera, de la maniere la plus sommaire, sans procès, sans formalités superflues, & avec toute l'activité praticable, tant à l'égard des affranchisse-

ments, que pour liquider ce qui reste de dettes aux Communautés, ainsi que la justice l'exige; ce que nous lui commettons spécialement, pour ôter les obstacles qui pourront retarder ces dispositions. Nous jugeons en même-temps convenable d'établir quelque regle touchant les Commissaires, & l'exaction des redevances, par rapport aux fonds qui ne pourront encore être affranchis, & de modérer le taux des intérêts de l'argent, pour le soulagement de nos Sujets & le bien du Commerce & de l'Agriculture, qui sont les objets principaux du présent Edit, par lequel, de notre certaine science & autorité royale, eu sur ce l'avis de notre Conseil, nous ordonnons comme ci-après.

§. I.

Les Villes, Bourgs & Communautés de notre Duché de Savoie qui auront dans leur territoire des personnes ou des biens sujets à des droits seigneuriaux ou emphytéotiques, devront, dans un mois dès la publication du présent Edit, tenir une assemblée générale des Possédants-fonds en icelles, par laquelle il leur sera loisible de demander l'affranchissement général de toute taillabilité, des lods, cens, servis, plaids & autres

droits de cette nature, auxquels les personnes
des habitants, ou les maisons, édifices & bien
quelconque du territoire pourroient être assujettis, & ce généralement envers tous les Vassaux & autres personnes ou corps, de quelqu'état
ou condition qu'ils soient, qui possedent des Fiefs
ou Emphytéoses dans leur territoire ; ce que nous
leur accordons, outre la liberté que nous avons
déja donnée par nôtre Edit du 20 Janvier 1762,
pour l'affranchissement de la taillabilité personnelle, aux dispositions duquel rien n'est censé
dérogé par le présent.

§. II.

Si les deux tiers des particuliers possédants-
fonds, qui composeront l'assemblée générale,
déterminent de s'affranchir, ou si les possesseurs
des deux tiers des biens cadastrés le requierent,
les Villes, Bourgs & Communautés feront part
de la résolution pour l'affranchissement à l'Intendant de la Province, qui le fera, non-seulement notifier aux possesseurs des Fiefs & Emphytéoses, de la maniere portée par nos Constitutions, mais à tous prétendants incertains qui
puissent avoir intérêt aux susdits droits, à l'égard
desquels, dans les notifications, on comminera

la peine d'impoſition de ſilence perpétuel , & ce par
le moyen des publications aux lieux accoutumés,
tant de la Ville , Bourg ou Communauté qui a demandé l'affranchiſſement , que de la Ville capitale de
la Province. Par leſdites notifications , il ſera enjoint aux poſſeſſeurs des Fiefs & Emphytéoſes , de
donner , dans le terme de ſix mois , quant à ceux qui
habitent dans le Duché , & de neuf mois quant
à ceux qui en ſont abſents , un état générique,
òu ſpécifique , ainſi qu'ils ſeront en cas de pouvoir le donner , de leurs Fiefs ou Emphytéoſes,
& des droits qu'ils prétendent en dériver dans
chaque Communauté ; leſquels états reſpectifs ſeront dreſſés conformément aux modeles dont on
donnera la viſion aux Bureaux des Intendances ;
& cependant il ſera défendu d'entreprendre , &
de pourſuivre les rénovations des Fiefs & Emphytéoſes dont l'affranchiſſement aura été demandé.

§. I I I.

Dans cette Aſſemblée , on devra auſſi nommer deux ou trois ſujets , qui ſeront chargés,
en qualité de Procureurs de tous les intéreſſés,
de veiller à leur avantage ; & en conſéquence,
ils ſeront cenſés être du corps de la Communauté , toutefois qu'il s'agira de délibérer ſur

(63)

quelqu'objet concernant l'affranchiffement, & l'on
ne pourra rien y conclure fans l'intervention de
deux, au moins, defdits Procureurs.

§. IV.

S'il arrive que la Délibération foit contraire
à l'affranchiffement, l'on devra en détailler les
motifs & les raifons de ceux qui auront été d'un
fentiment contraire, pour en être le réfultat
tranfmis à l'Intendant.

§. V.

Les fufdits états devront être remis, dans le
terme ci-deffus prefcrit, au Bureau de l'Intendance, qui en fera parvenir un double au Confeil de la Communauté. Ce Confeil & tous autres Corps & particuliers à qui il appartiendra,
enfuite des publications qui en feront faites,
feront obligés de fournir, dans le terme de trois
mois, de toutes leurs oppofitions : on les tranf-
mettra, dans huit jours après ledit terme, au
Bureau de l'Intendance, qui adreffera le tout à
la Délégation que nous établiffons dans notre
Ville de Chambéry ; & au cas qu'il n'y eût aucune oppofition, ce Bureau en expédiera un

certificat, qu'il enverra, avec lesdits états, à la Délégation.

§. VI.

Si les Vassaux ou autres possesseurs de droits féodaux ou emphytéotiques ne remettent pas les susdits états dans le terme prescrit, nous voulons qu'ils soient privés, sans autre, du revenu des Fiefs & Emphytéoses, qui sera appliqué au bénéfice de la Communauté, jusqu'à ce que ces états aient été dressés & remis : & cependant l'Intendant fera prendre, à leurs frais, connoissance de la valeur de ces droits, de la maniere qu'il le jugera convenable, pour qu'ensuite la Délégation puisse, en leur contumace, déterminer, ou le prix de l'affranchissement sur lesdites connoissances, ou de la déchéance de leurs prétendus droits, au cas qu'il ne réussisse pas de les vérifier.

§. VII.

La Délégation sera composée du Premier-Président de notre Sénat de Savoie, & en son absence ou empêchement, du second Président, de l'Intendant-Général de ce Duché, ou de la personne à qui nous commettrons ses fonctions, & des Sénateurs Roze, Tiollier & Biord, avec

l'intervention

-l'intervention du Sénateur Adami , que nous
-députons pour , faisant en ce, les incombances de
notre Procureur-Général , veiller à l'intérêt des
Fiefs , & de l'Avocat-Général-Fiscal ou de l'un
de ses Substituts , pour l'intérêt des Communautés : laquelle Délégation arbitrera, jugera &
décidera sommairement du prix des affranchissements , eu égard, d'un côté , aux revenus que
les Fiefs ou Emphytéoses produisent ou pourroient
produire étant rénovés ; & de l'autre , aux frais
qu'exigent la rénovation, le maintien d'icelle ,
& l'exaction des droits en dépendants , & généralement à toutes les autres circonstances qu'elle
croira devoir être prises en considération , avec
pouvoir de déterminer , en même-temps , ainsi
qu'elle le trouvera équitable , si le prix de l'affranchissement doit être compté en un ou plusieurs paiements. Elle connoîtra aussi & décidera
de toutes les contestations relatives à l'affranchissement , qui pourront s'élever à l'égard des Fiefs
& Emphytéoses , lors même qu'ils dépendront
de notre Domaine immédiat , lui permettant de
subdéléguer dans les Provinces pour lesdites contestations , dans le cas qu'elle le jugera convenable , avec pouvoir encore , lorsqu'il s'agira des
Fiefs & Emphytéoses qui prennent sur différents
territoires , & que l'une ou plusieurs auront dé-

I. Partie. E

libéré de les affranchir, d'obliger toutes les autres, ou partie d'icelles, à les affranchir également en ce qui concerne leurs particuliers refpectifs : lui conférons, pour tout ce que deffus,
avec fes annexes, connexes, circonftances & dé-
pendances, toute l'autorité requife, même la fé-
natoriale & camérale ; & voulons que le nombre
de trois d'entre lefdits Subdélégués, fuffife pour
ainfi arbitrer, connoître & décider.

§. VIII.

Lorfque, fur les états donnés par les Vaffaux
& autres perfonnes ou Corps, & fur les oppofitions qui y auront été faites, la Délégation
n'aura pas les connoiffances de fait fuffifantes
pour déterminer le prix des droits féodaux ou
emphytéotiques, ou pour réfoudre toutes autres
difficultés qui pourroient fe préfenter à l'égard
de l'affranchiffement, elle s'adreffera aux Intendants refpectifs des Provinces, pour avoir
les informations & éclairciffements ultérieurs
qu'elle croira néceffaires, en leur détaillant fpé-
cifiquement les prétentions & exceptions refpectives des parties intéreffées, fur lefquelles il
pourroit être jufte de les admettre à donner
quelques preuves dans un délai convenable,

ſans cependant jamais leur permettre de plaider entr'elles.

§. IX.

Si les Communautés conviennent de gré à gré du prix de l'affranchiſſement avec les poſſeſſeurs des Fiefs & Emphytéoſes, on devra également préſenter à la Délégation la convention qui aura été paſſée, pour être approuvée, au cas qu'elle connoiſſe, avec l'intervention de ceux que nous avons commis ci-devant pour les intérêts du Fief & de la Communauté, que cette convention leur eſt reſpectivement avantageuſe.

§. X.

Dès que la Délégation aura arbitré ou approuvé le prix de l'affranchiſſement, elle ordonnera aux Parties de paſſer le contrat en conséquence dans le terme de cinquante jours; &, en cas de refus de l'une des Parties, elle déclarera y avoir lieu à l'affranchiſſement, moyennant la ſomme & les conditions qu'elle aura jugé à propos de déterminer. Cette déclaration aura force de choſe jugée, & le même effet que ſi le contrat eût été paſſé.

§. XI.

Afin d'épargner, autant qu'il est possible, les frais aux Communautés, en assurant en même-temps les droits de notre Domaine & la libéra-tion des Favetiers, nous chargeons le Sénateur que nous avons commis pour veiller à l'intérêt du Fief, de transmettre à notre Procureur-Géné-ral les susdits contrats ou déclaratoires, pour être par nous autorisés, s'il s'agit d'affranchissement de droits qui relèvent de notre Couronne.

§. XII.

Les Patentes que nous ferons expédier à cet effet, seront entérinées par notre Chambre des Comptes, sans paiement d'aucun émolument aux Finances, & sans qu'il soit nécessaire de prendre d'ultérieures informations sur les raisons de con-vénance du prix fixé ou approuvé par la Délé-gation, comme dessus. Mais la Chambre devra déclarer, à l'occasion de l'entérinement, s'il est loisible au vassal ou autres d'exiger librement ledit prix, moyennant le dédommagement dû, dans ce cas, à notre Domaine, ou pourvoir à la sûreté de l'emploi du capital, suivant les cir-

çonſtances, ainſi qu'il ſera dit ci-après. Oui ſur
ce notre Procureur-Général.

§. XIII.

ᶠ Nous voulons bien, par un effet de nos graces,
& en vue de l'utilité publique qui réſulte de la
liberté des fonds, nous départir pour les affranchiſſements qui ſeront par nous approuvés, des
droits de lods, *tot quot & quos*, qui pourroient
être dus à nos Finances à cette occaſion.

§. XIV.

Si les affranchiſſements ne regardent que les
droits qui ne relevent point de notre Domaine,
après que notre Procureur-Général aura reconnu
qu'il ne peut y avoir aucun intérêt, les ſuſdits
contrats ou déclaratoires ſeront, ſans autre, ren-
voyés à la Délégation pour être exécutés.

§. XV.

Les ſolemnités preſcrites pour les contrats des
pupilles, mineurs & autres perſonnes ou corps,
quelque privilégiés qu'ils ſoient, qui ont des
Adminiſtrateurs, ne ſeront pas néceſſaires lorſqu'il

s'agira des contrats d'affranchissement. Il suffira qu'ils soient approuvés par la Délégation, & que le prix en soit placé de la maniere que le Sénat le jugera convenable, ensuite des Conclusions de notre Avocat-Fiscal-Général.

§. XVI.

Les possesseurs des droits féodaux, & même des emphytéotiques, sur lesquels on pourroit avoir établi des primogénitures, fidéicommis ou autres liens, devront aussi recourir au Sénat, afin de rapporter pareil déclaratoire de la libre exaction du prix de l'affranchissement, ou telle autre provision qu'il écherra pour l'emploi dudit prix, & les subrogations qui seroit jugées convenables, oui sur ce l'Avocat-Fiscal-Général, sans qu'il soit besoin d'établir à cet effet un curateur pour l'intérêt des substitués nés ou à naître.

§. XVII.

Les Communautés ne pourront livrer le capital du prix convenu ou arbitré, sans les Conclusions de l'Avocat-Fiscal-Général, qui devra le leur permettre, toutefois que les incombances ci-dessus prescrites auront été accomplies, & en fe conformant aux Décrets de la Chambre ou Sénat, fous peine d'itératif paiement, à la charge des Adminiftrateurs des Communautés qui paieroient fans y être ainfi autorifés, fauf leur recours, ainfi que de droit, contre la perfonne qui aura retiré l'argent : défendons à cet effet aux Intendants d'ordonner, de permettre ou d'autorifer ces paiements, fans qu'il leur confte defdites conclufions favorables.

§. XVIII.

Les Communautés feront obligées d'acquitter, en attendant, les intérêts du prix de l'affranchiffement, à proportion & dès le temps que le droit d'exiger les fervis & autres charges devra ceffer. Accordons aux vaffaux & autres Seigneurs directs, pour l'exaction defdits intérêts, & dans fon temps, des capitaux qui leur feront dus pour les affranchiffements, les mêmes privileges qui compétent à nos Finances ; de façon que le paiement defdites fommes ne puiffe être diminué ni retardé, pour quelque caufe que ce foit.

§. XIX.

Si les Propriétaires dudit prix ne rapportent pas, dans l'année, les fufdits déclaratoires, les Communautés pourront fe libérer en acquérant, au nom des

(72)

Propriétaires, une rente fur les tailles, comme
ci-après.

§. X X.

Si les vaſſaux ou autres poſſeſſeurs des droits
peuvent & veulent exiger librement le prix de
l'affranchiſſement, comme outre les ſuſdits droits,
qui ſeroient dûs pour lors, il s'agiroit d'éteindre
la nature d'un revenu qui releve de notre Couronne, & de la priver ainſi des lods qui ſeroient
dûs dans tous les cas d'aliénation d'icelui à l'avenir, des cavalcades & autres aſtrictions des Fiefs,
ils devront payer, en dédommagement de notre
Domaine, la quatorzieme partie du prix de l'affranchiſſement; & en cas que notre Procureur-
Général juge à propos de ſe prévaloir, dans la
ſuite, du droit de rachat, lorſqu'il nous appar-
tient, le prix des affranchiſſemens qu'ils auront
librement retiré, ſera précompté ſur celui qui
devra leur être remboursé.

§. X X I.

Cette finance, que nous avons fait reſtreindre
au point de la pure & équitable indemnité de
notre Domaine, devra être liquidée par la Chambre des Comptes, & payée dans la caiſſe de ré-

demption , établie par notre Edit du 8 Février
1751 , entériné par ladite Chambre le 12 du
même mois , pour être employé aux caufes qui y
font prefcrites . . . & moyennant ce paiement , les
vaffaux & autres qui feront dans le cas de pouvoir exiger librement le prix des affranchiffements,
feront difpenfés d'en prouver la verfion , & pourront difpofer du prix de la maniere qu'ils jugeront convenable , fans qu'ils foient tenus enfuite , pour le montant d'icelui , à aucunes
charges de vaffelage.

§. XXII.

Dans la fixation de la finance , l'on n'aura
égard qu'au prix capital des affranchiffements , fans
y comprendre les arrérages des droits affranchis
auxquels notre Domaine n'a aucun intérêt.

§. XXIII.

L'on ne paiera pas cette finance dans le cas
que nos Vaffaux , enfuite des déclaratoires de la
Chambre des Comptes & du Sénat , ou de leur
gré , placeront le prix des affranchiffements dans
l'acquifition des tailles que nous démembrons de
notre Domaine de la maniere établie ci-après ;

voulant que ces tailles qui leur seront aliénées, demeurent subrogées aux droits affranchis, & ainsi assujetties aux mêmes conditions & obligations que ceux-ci pouvoient l'être auparavant.

§. XXIV.

Etant informés que plusieurs de nos Vassaux ont, au préjudice de notre Domaine, affranchi des droits féodaux quelques Communautés & quantité de particuliers, sans avoir obtenu de nous l'autorisation nécessaire, sauf pour la taillabilité personnelle, ainsi que nous l'avons permis, nous voulons bien, par un effet de nos graces, leur remettre toute caducité encourue, & tenir lesdites Communautés & particuliers pour affranchis, à condition que les vassaux, & à leur défaut, les Communautés ou particuliers, obtiennent de nous la convalidation des affranchissements, moyennant l'indemnité de notre Couronne, qui sera arbitrée par notre Chambre des Comptes, & à cet effet nous restituons, en temps & en entier, les uns & les autres, pour recourir à nous dans le terme d'une année, après laquelle notre Procureur-Général procédera pour faire déclarer les peines encourues.

(75)

§. XXV.

Nous déclarons exempts de toute finance les affranchissements des droits qui ne relevent pas de notre Domaine.

§. XXVI.

Les principes qui nous ont déterminés à encourager l'affranchissement des Fiefs & Emphytéofes de tous nos vassaux & autres, nous engagent à établir les mêmes règles pour l'extinction des fusdits droits, qui font du Domaine immédiat de notre Couronne; ainsi nous ordonnons aux Intendants respectifs de faire donner à cet effet les états preferits par le paragraphe II de cet Edit, à la réquisition des Communautés & particuliers intéressés, notre intention étant que la Délégation arbitre pareillement le prix des affranchissements, lequel devra être payé dans la caisse de rédemption, après que nous aurons autorifé cette aliénation par des Patentes, qui feront aussi entérinées par la Chambre des Comptes, fans paiment d'aucun émolument aux finances.

§. XXVII.

Pour faciliter aux Communautés le moyen de procurer les affranchissements des biens de leur territoire, les Intendants leur permettront d'aliéner tous les effets communs qui ne leur seront pas nécessaires, & en ordonneront, même d'office, l'aliénation, lorsqu'ils la jugeront utile aux Communautés, eu sur ce l'avis de l'Avocat-Fiscal-Général, tant à l'égard de la nécessité ou avantage de ladite aliénation, que sur la validité des actes auxquels on aura procédé pour icelle, en observant les formalités prescrites par nos Constitutions, Livre V, Titre 12 ; à la réserve qu'il sera permis aux Intendants, lorsqu'ils le croiront utile aux Communautés, de faire procéder pardevant eux, & dans les villes de leur résidence, aux encheres & expéditions, quoique les biens soient situés dans le territoire d'autres villes, terres & villages, les contrats seront toujours stipulés pardevant les Intendants, qui, après lesdites Conclusions, expédieront le Décret d'approbation.

§. XXVIII.

Les sommes provenantes desdites aliénations

feront employées au paiement du prix des affranchiffements, à condition cependant que les Communautés en feront indemnifées, comme ci-après,
par les particuliers qui en reffentiront l'avantage.

§. XXIX.

Nous permettons encore aux Communautés
de s'obliger, au nom de leurs habitants ou pof-
fédants-fonds dans leur territoire, & d'emprunter les fommes néceffaires pour les affranchiffements.

§. XXX.

La Délégation & les Intendants donneront les
difpofitions les plus efficaces, afin que, dans le
terme qui fera jugé convenable, fuivant les
circonftances, & au plus tard dans celui de dix
ans, les Communautés foient rembourfées de
toutes les fommes qu'elles auront avancées, &
qu'elles foient libérées de tout engagement qu'elles
auront pris pour les affranchiffements. Nous chargeons, en conféquence, les Intendants des Provinces refpectives, de répartir, entre les contribuables, à proportion de l'affranchiffement qui
concerne chacun d'iceux, lefdites fommes & toutes
autres qui auront été employées pour cet objet;

& ce à forme des inſtructions qui leur ſeront
données ; leur conférons , à ces fins, l'autorité
néceſſaire , même la ſénatoriale , pour connoître
& décider , d'une maniere ſommaire , les différends qui pourroient naître à l'occaſion de ladite
répartition , & de l'exaction des ſommes réparties comme deſſus.

<h2 align="center">§. XXXI.</h2>

Etant convenable que la Délégation établie par
le préſent ſoit informée de la force & des charges
des Communautés , & voulant qu'on acheve la
vérification de leurs dettes, & qu'on liquide auſſi le
comptes de l'adminiſtration publique pendant la
derniere guerre , en évoquant de nouveau à nous
la connoiſſance des cauſes relatives à ces objets,
nous avons déterminé de ſubroger ladite Délégation aux délégués par notre Edit du 18 Décembre 1740 , & Patentes ſucceſſives, pour qu'elle
pourvoie & décide ſur la validité des dettes con-
tractées par les Villes , Bourgs & Communautés
de Savoie , en obſervant les diſpoſitions dudit
Edit , & qu'elle procede de même , en conformité
de nos Lettres-Patentes du 15 Juillet 1750 , à
la vérification des comptes de l'Adminiſtration
pendant la derniere guerre. A l'égard cependant

de ces objets, il ne sera pas nécessaire qu'il y
ait un intervenant à la Délégation, pour faire
les fonctions de notre Procureur-Général.

§. XXXII.

Comme nous avions déterminé de racheter des
tributs & autres revenus qui se trouvent aliénés
à un intérêt qui excede, au préjudice de nos finances, le taux commun d'aujourd'hui de deçà
les monts, & que les fonds de la caisse de rédemption ne suffisent pas à ce rachat, que nous
ne pouvons par conséquent faire qu'au moyen
d'une aliénation & démembrement des tailles;
nous avons d'autant plus volontiers choisi pour
cette aliénation les tailles de Savoie, que par ce
moyen on vient à joindre l'utilité de la Couronne
à celle de nos vassaux & autres possesseurs des
susdits droits féodaux & emphytéotiques, en leur
fournissant un emploi sûr & prompt dont il leur
sera loisible de se prévaloir au défaut d'autre emploi qui soit de leur plus grande convenance,
pour placer les sommes qu'ils retireront de l'affranchissement d'iceux. A ces fins nous avons dé-
membré & séparé, ainsi qu'en vertu du présent
Edit, qui aura force de contrat inviolable, en
foi & parole de Roi, en vue de l'utilité évi-

(80)

dente de la Couronne, & pour racheter des tributs & autres revenus, principalement ceux qui
sont aliénés au-dessus du trois & demi pour cent,
nous démembrons & séparons la rente annuelle
qui sera nécessaire pour les affranchissements, jusqu'à la concurrence de cent & cinq mille livres
sur la taille réelle des villes, Bourgs & Communautés de nos Etats de Savoie, pour être vendue à raison du trois & demi pour cent en
faveur de ceux de nos Vassaux, Evêchés, Abbayes, Chapitres, Commanderies, Corps ou
particuliers qui affranchiront ou auront affranchi
des susdits droits de Fiefs ou Emphytéoses, & qui
choisiront d'en placer ainsi les capitaux.

§. XXXIII.

Les aliénations de ladite rente se feront par
Patentes signées de nôtre main, expédiées sans
paiement d'aucuns droits dus à nos finances, &
entérinées par notre Chambre des Comptes; elles
porteront la vente, cession & transport d'une
partie de la taille de telles Villes, Bourgs ou
Communautés que nos Vassaux & autres quelconques possédants des droits féodaux ou emphytéotiques choisiront, pour l'affranchissement des
susdits droits tant seulement.

§. XXXIV.

(81)

§. XXXIV.

Le capital de ladite rente sera déboursé entre les mains & sur quittance de notre Tréforier-Général, à qui nous ordonnons de le retenir dans ladite caisse de rédemption, pour être employé au rachat des tributs & autres revenus qui se trouvent aliénés à un taux excédant le trois & demi pour cent. Déclarons qu'après que les paiements en auront été faits entre les mains & sur la quittance dudit Tréforier, les acquéreurs seront censés duement & pleinement libérés, sans qu'ils soient tenus de prouver l'application des sommes qu'ils auront ainsi respectivement déboursées.

§. XXXV.

Nous ordonnons auxdites Villes, Bourgs & Communautés, de faire, aux termes de l'échéance de notre Taille royale, le paiement de la rente susdite aux acquéreurs d'icelle, ou ayant cause, auxquels nous accordons les mêmes privileges qu'ont nos finances, pour l'exaction de ladite taille, avec liberté encore de pouvoir faire compensation de la rente qu'ils auront acquise, avec la taille particuliere à laquelle ils pourront être

I. Partie.   F

cotifés dans la même Communauté, & nos Intendants refpectifs le feront ainfi ponctuellement exécuter.

§. XXXVI.

Ladite rente, excepté pour les devoirs & charges du Fief, lorfqu'elle devra y être fubrogée, ne pourra jamais être fujette à aucune diminution ou impofition nouvelle, quoiqu'établie pour caufe de néceffité publique & urgente, ni pour accident de grêle, corrofion, incendie, ou autre particulier aux Communautés fur lefquelles elle fera affectée.

§. XXXVII.

Les acquéreurs de la fufdite rente, & leurs fucceffeurs, pourront en jouir pendant tout le temps & de la même maniere qu'ils auroient dû jouir, & pu difpofer des droits affranchis, aux termes de notre Edit du 5 Août 1752 ; & quant à ceux qui choifiront d'acquérir des portions de cette rente, fans être obligés de les fubroger à aucun Fief, elles leur feront aliénées en libre & franc Alleu.

§. XXXVIII.

Nous déclarons tous Corps approuvés, & gens de main-morte capables, comme les particuliers, d'acquérir des portions de la susdite rente, pour le montant des affranchissements qu'ils feront, sans payer aucun droit d'amortissement.

§. XXXIX.

Nous réservons néanmoins pour toujours, à notre Procureur-Général, le rachat de ladite rente, moyennant la restitution du capital, qui aura été payée dans notredite caisse de rédemption de la maniere sus-exprimée.

§. XL.

Pour obvier aux abus qui se commettent dans la perception des devoirs féodaux & emphytéo-tiques, nous voulons que les Exacteurs & Receveurs quelconques des lods, servis & autres redevances, soient obligés de passer quittance aux Favetiers, des sommes ou denrées qu'ils recevront, en y spécifiant pour quelle cause & pour quelles années ils les auront respectivement per-

qués , fous peine de la reftitution de ce qui aura été
autrement exigé , fans pouvoir plus le répéter.
Chargeons , à cet effet , les Juges refpectifs d'y
tenir la main , & d'y pourvoir fommairement fur
la plainte des Favetiers.

§. XLI.

Outre cette quittance , ils devront noter tous
les paiements qui leur feront faits fur un cahier
à part , avec les mêmes fpécifications , & le nom
des Favetiers; ils feront obligés de conferver ces
cahiers au moins pendant cinq ans , fi dans ce
temps l'affranchiffement ne pouvoit avoir lieu , ou
de les remettre au Propriétaire du Fief ou de
l'Emphytéofe , qui fera foumis à la même obligation , fous peine de cinquante livres d'amende ,
tant au Propriétaire qu'aux Exacteurs , qu'ils en-
courront auffi refpectivement , fi le cahier n'eft
pas tenu en bonne forme , ou qu'il foit infidèle ;
laquelle peine fera applicable , pour un quart , au
dénonciateur , le furplus à l'Hôpital de Charité ,
& au défaut , aux pauvres de l'endroit où la
rente s'étend. Le Juge , les Avocats & Procureurs-
Fifcaux , refpectivement , pourront , à cet effet ,
demander la vifion defdits cahiers ; & ces der-
niers devront faire les inftances convenables

pour faire déclarer & payer les amendes encourues.

§. XLII.

L'on continuera, en attendant, de payer les
lods & demi-lods à la rate accoutumée, dans le
cas où ils sont dus suivant l'usage; mais pour les
ventes ordonnées dans les causes de discussion,
le lod ne sera dû qu'à raison du cinq pour cent
du prix.

§. XLIII.

Les gens de main-morte sont obligés de payer,
de vingt en vingt ans, les lods d'indemnité aux
Seigneurs directs, pour les biens qu'ils possedent,
relevant de leurs Fiefs, à la rate accoutumée,
sur le prix d'acquisition ou sur la valeur des
biens, si le titre est lucratif, & ne porte pas un
prix certain en argent. Pour faciliter cependant,
à l'égard des Bénéficiers, le paiement de ce lod,
& en rejetter la charge sur les possesseurs des
Bénéfices, à mesure du temps qu'ils en jouissent,
nous voulons qu'ils paient, à la fin de chaque
année, un vingtième de ce lod, qui ne se pres-
crira que par trente ans, & cette disposition sera
observée à l'égard des années écoulées depuis
l'échéance du premier lod : à quel effet le pos-

ſeſſeur du Bénéfice , outre le vingtieme qu'il paiera déſormais à la fin de chaque année ; ſera encore tenu de payer en même-temps une ſomme pour les vingtiemes échus ſuivant la répartition qui ſera faite des années écoulées ſur les années qui manquent encore pour faire les vingt ans accomplis , en ſorte qu'à la fin de vingt ans tout le lod ſe trouve payé.

§. XLIV.

Les légitimataires auxquels l'héritier a la liberté de payer la légitime en argent , & les femmes qui ſont excluës de toutes ſucceſſions & droits légitimes , moyennant une dot congrue , ſont cenſés être & avoir été , par raiſon de leur légitime & dot, reſpectivement en indiviſion avec les héritiers, de la maniere & dans le cas où ils l'étoient avant nos Conſtitutions , ſuivant les Loix, uſages & préjugés , à l'effet d'empêcher les ſucceſſions annonales , & les commiſes des biens taillables.

§. XLV.

Aucun Commiſſaire ne pourra faire , à l'avenir, des rapports, ou autres actes judiciaires, qu'il ne ſoit approuvé par notre Chambre des Comptes,

(87)

& nous déclarons nuls, & de nul effet les rapports
& actes judiciaires qui se feront par des Commissaires non approuvés.

§. XLVI.

Quiconque voudra être admis dorénavant à la
profession de Commissaire d'extentes, sera obligé de
se pourvoir à notre Chambre des Comptes ; & ceux
qui l'exercent actuellement sans être approuvés,
se présenteront à ladite Chambre dans le terme
de six mois, dès la publication du présent Edit,
pour être admis à ladite profession ; leur permettons
néanmoins de continuer à l'exercer pendant ledit
terme.

§. XLVII.

Après toutes ces dispositions, pour libérer les
fonds des charges auxquelles ils se trouvent assujettis, & dans les vues de soulager la condition
des débiteurs, & de favoriser l'Agriculture, nous
défendons d'imposer, à l'avenir, aucune desdites
charges, par Emphytéose, ou autre semblable
titre, & nous voulons que, dès le jour de la publication du présent Edit, l'intérêt de toutes sommes d'argent, prêtées ou dues, ou que l'on pourroit prêter, ou qui seroient dues, à l'avenir, en

vertu de quelques autres contrats, ou autrement,
soit réduit & demeure fixé au quatre pour cent, dans
toute l'étendue de notre Duché de Savoie, nonobstant les obligations passées, & promesses faites, ou
que l'on pourroit faire au contraire; défendant à
tous Magistrats & Juges de rendre aucune Sentence
de condamnation d'intérêt à un taux plus fort que
celui du quatre pour cent, sauf pour les créances
des Marchands, Banquiers & Négociants, à forme
de nos Constitutions.

Si mandons à notre Sénat de Savoie & Chambre
des Comptes, d'entériner le présent Edit, qui
devra être publié à la manière & aux lieux accoutumés, dans toutes les Villes, Bourgs & Communautés de notre Duché de Savoie, pour y être
observé selon sa forme & teneur, nonobstant toutes
Loix & Constitutions qui pourroient y être contraires; & voulons qu'aux copies imprimées par
notre Imprimeur *Gorrin*, foi soit ajoutée comme
à l'original; car ainsi nous plaît. Donné à Turin,
le dix-neuf Décembre, l'an de grace mil sept
cent septante-un, & de notre regne le quarante-
deuxième; *signé* CHARLES-EMMANUEL.

Fin des Notes sur la première Partie.

www.ingramcontent.com/pod-product-compliance
Ingram Content Group UK Ltd.
Pitfield, Milton Keynes, MK11 3LW, UK
UKHW021857070726
13613UKWH00001B/187